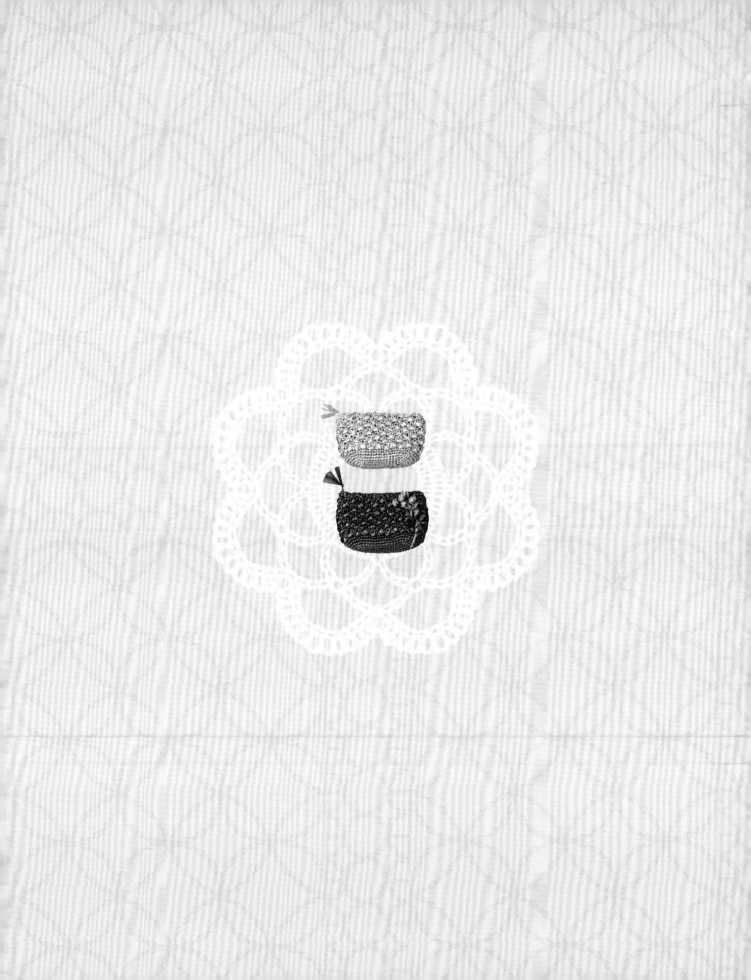

CONTENTS

01 HAT...P.3,4

02 BAG...P.4,35

03 BAG...P.5

04 BAG...P.6

05 BAG...P.7

06 HAT...P.8

07 BAG...P.10

08 HAT...P.11

09 HAT...P.12

10 BAG...P.13,15

11 HAT...P.14

12 CLUTCH BAG...P.16

13 CLUTCH BAG...P.18

14 POUCH...P.19

15 CLUTCH BAG...P.20

16 POCHETTE...P.21

17 POUCH...P.22

18 CLUTCH BAG...P.23

19 CASQUETTE...P.24

20 BAG...P.26

21 CLOCHE...P.27

22 BAG...P.28

23 HAT...P.29

24 BAG...P.30

25 BAG...P.32

26 BAG...P.33

27 HAT...P.34

28 HAT...P.36

29 BAG...P.37

開始鉤織前…P.39

Eco Andaria LESSON…P.40

作品織法…P.42

鉤針編織基礎…P.92

本書作品使用Hamanaka手織線。
線材與材料相關資訊，請見網頁介紹。

Hamanaka株式會社

京都本社

〒616-8585 京都市右京區花園藪ノ下町2番地之3

東京支店

〒103-0007 東京都中央區日本橋浜町1丁目11番10號

http://www.hamanaka.co.jp

01 HAT

使用兩色織線一起鉤織的帽子。
不管是將帽簷捲起，還是放下來遮擋陽光都很適合。
B款則是短版帽簷的設計。

DESIGN >> すぎやまとも
YARN >> **A** Hamanaka Eco Andaria・Hamanaka Eco Andaria《Crochet》
         B（P.4）Hamanaka Eco Andaria《Colorful》・Hamanaka Eco Andaria《Crochet》

HOW TO MAKE >> **P.42**

A

01-B

02 BAG

以交叉長針鉤織的手提包。
由於使用皮革作為袋底，
構成了輕巧又牢固的包包。

A

DESIGN >> 城戶珠美
YARN >> Hamanaka Eco Andaria
HOW TO MAKE >> P.43
＊B款請見P.35

03 BAG

有著圓滾滾可愛外形的祖母包。
膨起的立體編織是其特徵。

DESIGN >> 橋本真由子
YARN >> Hamanaka Eco Andaria
HOW TO MAKE >> **P.44**

04 BAG

以鎖針描繪出花朵模樣，洋溢著女性柔美的設計。
搭配竹節提把營造出自然風情。

DESIGN >> 河合真弓
MAKING >> 関谷幸子
YARN >> Hamanaka Eco Andaria 《Crochet》
HOW TO MAKE >> P.48

05 BAG

活用黑色條紋營造沉穩氛圍的休閒包款。能夠放入大量A4文件，容易使用的大小。
即使是這般大尺寸的包包，依然有著令人驚訝的輕盈感，這正是Eco Andaria線材的優點。

DESIGN >> Hamanaka企劃
YARN >> Hamanaka Eco Andaria
HOW TO MAKE >> P.50

06 HAT

以基本針法短針鉤織的草帽。針數不多,鉤起來簡單順手,
所以能夠快速完成,十分推薦鉤織新手嘗試。**B** 款為兒童尺寸。

DESIGN >> すぎやまとも
YARN >> Hamanaka Eco Andaria
HOW TO MAKE >> **P.52**

A

B

07 BAG

充滿夏天色彩的清爽包款。
還能放入亞麻衣飾或小物等,當作房間內的收納籃使用。

DESIGN >> 今村曜子
YARN >> Hamanaka Eco Andaria
HOW TO MAKE >> P.47

08 HAT

適合自然風打扮，有著鑽石花樣的帽子。
立體的玉針是裝飾重點。**B** 款為兒童尺寸。

DESIGN >> 橋本真由子
YARN >> Hamanaka Eco Andaria
HOW TO MAKE >> P.54

A

B

09 HAT

隔絕夏季的炎熱日曬，有著寬闊帽簷的帽子。
以筋編鉤完帽子整體後，
再於針目間鉤入引拔針的嶄新作法。

DESIGN >> 河合真弓
MAKING >> 関谷幸子
YARN >> Hamanaka Eco Andaria《Crochet》・Hamanaka Eco Andaria
HOW TO MAKE >> P.56

10 BAG

加入亞麻線一起鉤織，就能完成質感細緻的織片。
擁有能夠肩背的提帶長度＆大容量的空間，
因此也十分適合作為公事包使用。

DESIGN >> Ronique
YARN >> **A** Hamanaka Eco Andaria・Dear Linen
　　　　　B （P.15）Hamanaka Eco Andaria・Flax C
HOW TO MAKE >> **P.58**

A

11 HAT

想要戴起來帥氣的流行中折帽。
帽冠邊緣亮麗的十字花樣是設計重點。
由於整體都織入了形狀保持材，因此能自由自在地改變帽頂形狀。

DESIGN >> 稻葉ゆみ
YARN >> Hamanaka Eco Andaria
HOW TO MAKE >> **P.60**

A

B

10-в

12 CLUTCH BAG

近來人氣高漲的對摺款手拿包。
以預留開口的方式作為提把，設計出兼具扁包形式的兩用款。

CLUTCH BAG
&
POUCH

DESIGN >> 伊藤りかこ
YARN >> Hamanaka Eco Andaria
HOW TO MAKE >> P.62

13 CLUTCH BAG

無論休閒服裝還是正式裝扮都適合的波紋花樣手拿包。
從袋底往上扣住袋蓋的設計,是別出心裁的時尚點綴。

DESIGN >> すぎやまとも
YARN >> Hamanaka Eco Andaria
HOW TO MAKE >> P.64

14 POUCH

不經意看見包包內時，令人眼前一亮的閃亮波奇包。
小巧尺寸馬上就能完成，也適合作為贈禮。

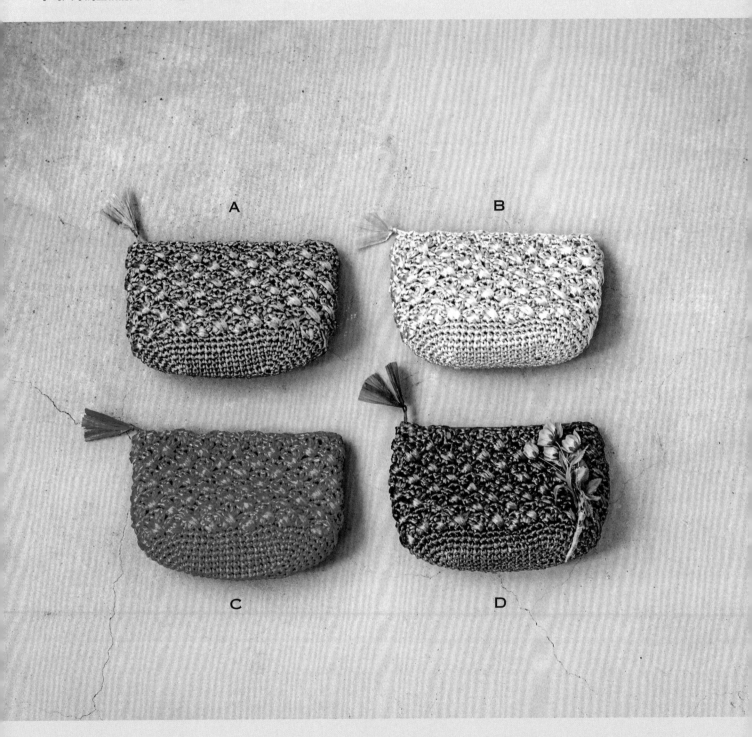

DESIGN >> 早川靖子
YARN >> Hamanaka Eco Andaria
HOW TO MAKE >> P.65

15 CLUTCH BAG

飾以大型蝴蝶結的手拿包，是出席節日聚會等場合不可缺的配件。
直接穿入蝴蝶結內側的手拿方式，順手又好拿。

DESIGN >> 橋本真由子
YARN >> Hamanaka Eco Andaria
HOW TO MAKE >> P.66

16 POCHETTE

將作品15的蝴蝶結設計成同款的小背包。
結合女孩兒最喜歡的亮澤感&粉紅色元素，讓外出時刻更加愉快。

DESIGN >> 橋本真由子
YARN >> Hamanaka Eco Andaria
HOW TO MAKE >> **P.68**

17 POUCH

織入幾何圖案的波奇扁包。
也適合作為筆袋或零錢包使用。

DESIGN >> Ronique
YARN >> Hamanaka Eco Andaria
HOW TO MAKE >> **P.57**

18 CLUTCH BAG

看似花俏的3色以黑色鑲邊，構成視覺效果強烈的設計。
適合大人女子的高雅手拿包。

DESIGN >> 稻葉ゆみ

YARN >> Hamanaka Eco Andaria

HOW TO MAKE >> P.70

A

19 CASQUETTE

以中長針和鎖針鉤織出恰到好處鏤空感的報童帽。
後側的縫褶是容易穿戴和可愛加分的祕訣。

DESIGN >> Ronique
YARN >> Hamanaka Eco Andaria
HOW TO MAKE >> P.72

B

20 BAG

每鉤一段就換色鉤織的大型馬歇爾包。
雖然到熟練為止需要些許技巧，但完成的花樣有著非比尋常的美麗。

DESIGN >> 城戶珠美
YARN >> Hamanaka Eco Andaria・Hamanaka Eco Andaria《Crochet》
HOW TO MAKE >> P.74

21 CLOCHE

以Eco Andaria《Crochet》鉤織出有著細緻花樣的鐘形帽。
由於能夠摺疊縮小體積,可放進包包內方便隨身攜帶。

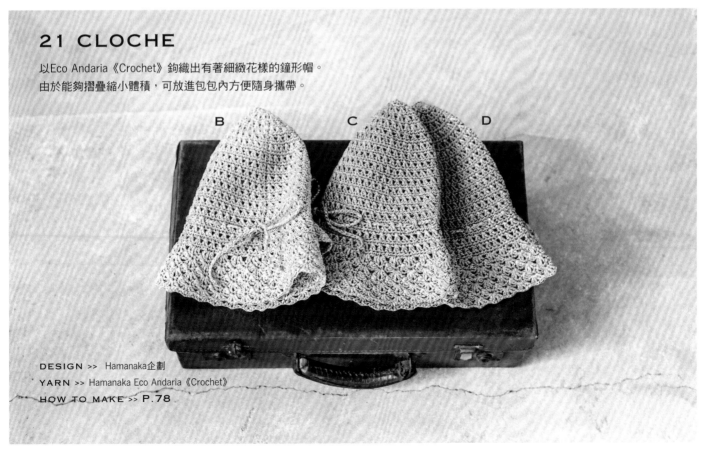

DESIGN >> Hamanaka企劃
YARN >> Hamanaka Eco Andaria《Crochet》
HOW TO MAKE >> P.78

22 BAG

以表引內鉤出格紋線條的水桶包。
1容量且容量充足，是十分便於使用的款式。

DESIGN >> Ronique
YARN >> Hamanaka Eco Andaria
HOW TO MAKE >> P.80

23 HAT

前後帽簷不等長的帽子。
不光是造型時尚，還能確實遮陽，較短的後側也不會妨礙活動的機能性設計。
在帽簷邊緣鉤織結粒針花邊，增添女性化的柔美印象。

DESIGN >> 橋本真由子
YARN >> Hamanaka Eco Andaria
HOW TO MAKE >> P.82

24 BAG

表引針鉤出的立體線條宛如提把的延伸，配色美麗的馬爾歇包。
A和C皆取兩股線作出粗針織的模樣，B則是取一股線鉤成迷你包。

DESIGN >> すぎやまとも
YARN >> A・B Hamanaka Eco Andaria
　　　　C Hamanaka Eco Andaria・Hamanaka Eco Andaria《Colorful》
HOW TO MAKE >> P.69

A

B

C

25 BAG

使用纖細的《Crochet》和亞麻線
一起鉤織的網狀包。
除了作為夏天的外出包，
亦可放進水果置於廚房成為居家一景。

DESIGN >> Ronique
YARN >> Hamanaka Eco Andaria《Crochet》‧
Flax C
HOW TO MAKE >> **P.84**

A

B

26 BAG

人氣的橫式托特包。大膽鏤空的松編花樣充滿了新鮮感。
由於段數不多，一下子就能鉤織完成。

DESIGN >> 河合真弓
MAKING >> 関谷幸子
YARN >> Hamanaka Eco Andaria
HOW TO MAKE >> **P.86**

27 HAT

每鉤一針就換線，以Eco Andaria《Crochet》鉤織的帽子。
自然捲起的帽簷線條非常美麗，帶著大人風的優雅設計。

DESIGN >> 城戶珠美
YARN >> Hamanaka Eco Andaria《Crochet》
HOW TO MAKE >> P.88

A

B

02-B

A

B

28 HAT

在帽冠邊緣飾以交叉花樣的寬簷帽。
A為素雅的自然風,B以段染線增加少許個性。

DESIGN >> 城戶珠美
YARN >> A Hamanaka Eco Andaria
        B Hamanaka Eco Andaria 《Colorful》
HOW TO MAKE >> **P.90**

29 BAG

織入圖案的馬爾歇包。
由於是取兩股線的粗針織，因此鉤織起來既省時，織片也夠堅固。
最適合外出購物時使用了！

DESIGN >> すぎやまとも
YARN >> Hamanaka Eco Andaria
HOW TO MAKE >> P.77

HOW TO MAKE

看見想要鉤織的作品了嗎？
下一頁開始，將說明使用工具與Eco Andaria線材的取用技巧。
在開始鉤織作品前，請確實閱讀以便順利進行製作。

＊本書刊載的成人款帽子尺寸為55至58.5cm，兒童款尺寸為50至52.5cm。
　依據個人編織力道的鬆緊，完成尺寸的大小也會稍有不同。

開始鉤織前

・準備材料

[線] ※線材樣本照片為原寸大小。

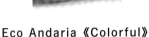

Eco Andaria

以木材紙漿為原料的天然素材，Rayon 100%天然纖維的線材。清爽柔滑的手感易於編織，顏色亦豐富多樣。

※Eco Andaria對紫外線的遮蔽率達80%以上。有著優秀的抗紫外線效果。

Eco Andaria《Crochet》

Eco Andaria粗細減半的中細線材。具有適度的彈性與張力，能夠體驗鉤織細緻織片的樂趣。

Eco Andaria《Colorful》

Eco Andaria的段染類型。不規則的色彩變化，讓織片的風格更加豐富有趣。

[工具]

鉤針

鉤針的針號依粗細從2/0號至10/0號，數字愈大鉤針愈粗。「Hamanaka Ami Ami 樂樂雙頭鉤針」兩側分別是不同針號的「鉤針頭」，只要準備一支就能使用兩種針號的鉤針，因此相當方便。

毛線針

比一般縫針粗，且針尖圓鈍的毛線用縫針。收拾線頭或是接縫提把時使用。

手工藝專用剪刀

剪線時使用。準備一把尖端細長，銳利好剪的手工藝剪刀吧！

記號圈

便於計算針數、段數，或是暫休針時作為標記使用的小工具。

防塵定型液
（H204-614）

編織作品以蒸氣熨斗整燙形狀，噴上此定型膠之後，不但能長時間維持外型亦便於清理。

形狀保持材
（H204-593）

可以維持形狀的塑膠線材。編織帽簷等處時，作為芯線包入編織，即可自由塑造形狀。包裹鉤織的方法請見P.41。

熱收縮管
（H204-605）

連接形狀保持材或處理保持材線頭之用。

Eco AndariaLESSON

·取用織線的方法

將Eco Andaria置於袋子中,也不須拆開標籤,直接抽取線球中央的線端來使用。一旦拆開標籤,織線就會逐漸鬆開散落,請務必留意。

·織法

使用Eco Andaria編織時,織片會隨之產生捲曲的情況。或許會陷入「織法是不是不太對?」的不安感,然而請不必擔心,繼續編織。只要以蒸汽熨斗在距離織片2至3cm處整燙,即可產生效果驚人的平整外觀。建議編織至一定程度時,先以蒸氣熨斗整燙,使針目整齊,就能愉快地繼續進行。

·拆解的Eco Andaria 處理方法

因編織錯誤而拆解的Eco Andaria,歪七扭八的織線就算直接使用,也無法作出整齊的針目。這時只要以蒸汽熨斗在距離拆解織線的2至3cm處整燙,線材就會開始伸直,隨之恢復原狀。僅拆開數針時,以手指用力拉直即可。

·作品的修整方法

編織完成的作品,以報紙或毛巾等物填塞至帽子或包包中,在距離織片2至3cm處以蒸氣熨斗整燙。整燙塑型後,請將作品靜置到完全乾燥,即可完成美麗的作品。最後只需噴上P.4介紹的定型防塵膠,便能確實維持作品的形狀。也可拿去店家乾洗喔!

·關於密度

所謂的密度,是表示「在一定的大小(10cm平方之類)範圍內,必須織入幾針、幾段」的標準。若密度不一致,即使依照織圖編織,最後完成的尺寸也不會一樣。以包包為例,就算尺寸稍有差異,也不至於出現太大問題。然而,若是帽子未依照相同尺寸編織,就可能無法戴上,因此請務必留意。請試著編織15cm平方的織片並測量密度,若實際密度與作法標示不同時,請依下列方法調整。

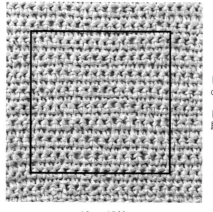

10cm＝17段

←─── 10cm=15針 ───→

針數·段數
多於標示數量的情況

由於編織力道較大,織得過於緊密,因此完成品會比示範作品小。不妨改以粗1～2號的鉤針來進行編織。

針數·段數
少於標示數量的情況

由於編織力道較小,織得過於寬鬆,因此完成品會比示範作品大。不妨改以細1～2號的鉤針來進行編織。

・關於斜行

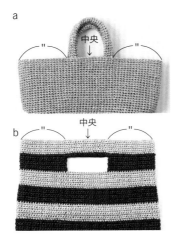

隨著輪編的進行，針目會逐漸一點一點地傾斜，稱之為「斜行」。即便是經驗老到的編織者也會經常發生的情況，因此不必太過在意。然而，因為立起針的針目錯開之故，所以在接縫提把時，就必須特別留意了。當計算立起針開始的針數，而打算接縫上去時，由於斜行的關係，就有可能導致接縫2條提把的位置產生不一致的情形發生。不需拘泥於針數，不妨將織好的主體對摺之後，再對齊2條提把的位置加以接縫即可（圖a）。

如圖b以往復編鉤織時，不太會有斜行的狀況產生，若在意斜行，在接新線鉤織提把時調整位置即可。

・混線編織

使用兩條以上的織線一起編織，稱作「混線編織」。若使用兩色線材，就能呈現隨意混色的獨特氛圍。

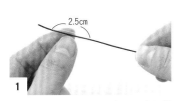

1
分別從兩個線球的內側抽出線頭。

2
將2條線對齊後一起鉤織。鉤織持線時，要將2條線繃緊以免糾結。

・包入形狀保持材的鉤織方法

鉤織起點

1
剪下2.5cm的熱收縮管，穿入形狀保持材。

2
形狀保持材前端如圖示預留長度，對摺後扭轉數圈，再將熱收縮管移至扭轉處，以吹風機加熱，使其收縮固定。保持材前端線圈作成鉤針針頭可穿入的大小。

3
鉤織立起針的鎖針，鉤針如箭頭指示穿入針目與形狀保持材的線圈中。

4
包入形狀保持材，完成1針短針。下一針依箭頭指示挑針。

鉤織終點

1
為了避免形狀保持材長度不夠，鉤至剩餘5針時先整理帽簷的形狀。

2
將形狀保持材預留約5針份的2倍長，再剪斷。

3
依起點步驟**1・2**的要領穿入熱收縮管，扭轉形狀保持材，作出線圈。

4
鉤織最後一針的短針時。鉤針依箭頭指示穿入前段最後針目與形狀保持材的線圈，鉤織短針。

01 HAT

PHOTO >> P.3,4

［材料］

・線材　A Hamanaka Eco Andaria（40g／球）　淺褐色（15）90g
　　　　Hamanaka Eco Andaria《Crochet》（30g／球）　靛藍色（810）50g
　　　　B Hamanaka Eco Andaria《Colorful》（40g／球）　藍色系的段染（224）80g
　　　　Hamanaka Eco Andaria《Crochet》（30g／球）　砂棕色（802）45g
・鉤針　Hamanaka樂樂雙頭鉤針7.5/0號
・其他　Hamanaka形狀保持材（H204-593）A11m50cm B8m50cm
　　　　Hamanaka熱收縮管（H204-605）5cm

［密度］短針　13.5針15段＝10cm正方形
［尺寸］頭圍57.5cm　高18cm
［織法］兩款皆混線鉤織，A取Eco Andaria和Eco Andaria《Crochet》、B取Eco Andaria《Colorful》和Eco Andaria《Crochet》各1條，2線一起鉤織。

輪狀起針，鉤入6針短針。參照織圖，自第2段開始一邊加針一邊以短針鉤織帽冠。鉤織帽簷的短針時包入形狀保持材：A鉤織13段、B鉤織9段。最終段鉤引拔針，收針處進行鎖針接縫。鉤織4處穿繩口，鉤織線繩穿入，在後方中央打結。

※除指定以外A・B皆通用

18cm＝27段

帽冠
（短針）

A 8.5cm＝13段
B 6cm＝9段

20針　1針　17針　1針

57.5cm＝78針

1針　17針　1針　10針

帽簷
（短針）

10針

引拔針1段

鉤織穿繩口（右圖）

穿入線繩
在後方中央打結

繩端打結

線繩 1條

起針處　收針處

130cm＝鎖針約175針

穿繩口 4處

在帽冠第26段
接線

在帽簷第1段
鉤引拔針後剪線

針數與加針方法

	段	針數	加針方法	
帽簷	9〜13	130針	不加減針	包入形狀保持材鉤織
	8	130針	加13針	
	6・7	117針	不加減針	
	5	117針	加13針	
	3・4	104針	不加減針	
	2	104針	每段加13針	
	1	91針		
帽冠	17〜27	78針	不加減針	
	16	78針	加6針	
	15	72針	不加減針	
	14	72針	加6針	
	13	66針	不加減針	
	12	66針	加6針	
	11	60針	不加減針	
	10	60針		
	9	54針		
	8	48針		
	7	42針		
	6	36針	每段加6針	
	5	30針		
	4	24針		
	3	18針		
	2	12針		
	1	鉤入6針		

∨ ＝ ⋋⋌ 2短針加針

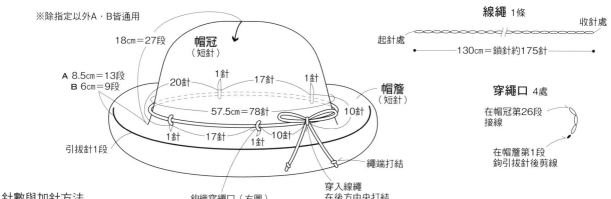

※B鉤完帽簷第9段就鉤最終段的引拔針。

後中央　收針處（鎖針接合／P.95）

包入形狀保持材鉤織 P.41

帽簷
（短針）

重複6次　重複13次

不加減針

帽冠
（短針）

78針

輪

42

02 BAG

PHOTO >> P.4,35

A　　　B

[材料]

・線材　Hamanaka Eco Andaria（40g／球）180g
　　　　A 淺駝色（23）　B 黑色（30）

・鉤針　Hamanaka樂樂雙頭鉤針5/0號

・其他　Hamanaka皮革底（大）駝色
　　　　（直徑20cm／H204-619）1片

[密度] 花樣編　5組花樣＝7cm、2段＝1.5cm

[尺寸] 參照織圖

[織法] 取1股線鉤織。

在皮革袋底的開孔挑針，鉤入150針短針。接著依
織圖加針，以花樣編鉤織袋身，袋口處鉤緣編。鎖
針起針8針鉤織提把，以短針鉤77段。提把除兩端
各12段不縫，中間皆對摺進行捲針縫。以相同作法
再作1條，回針縫接在袋身。

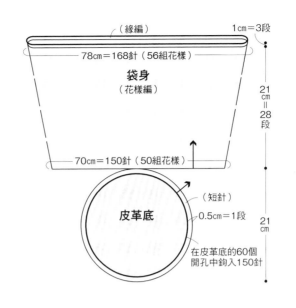

提把 2條
（短針）

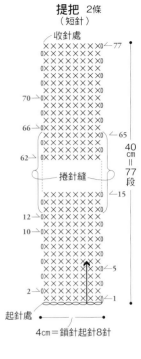

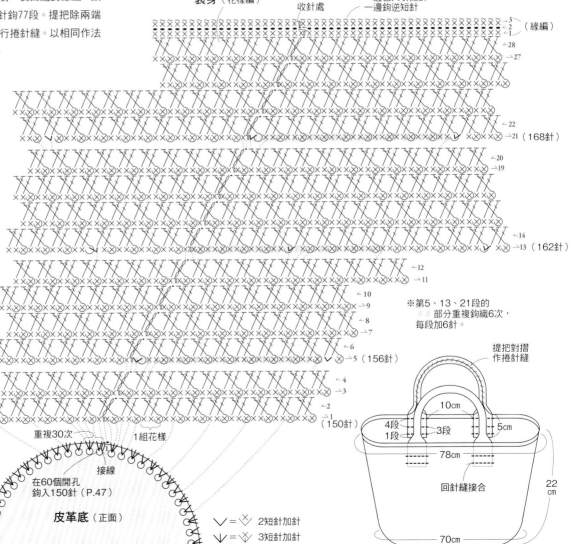

43

03 BAG

PHOTO >> P.5

［材料］
・線材　Hamanaka Eco Andaria（40g／球）　復古藍（66）215g
・鉤針　Hamanaka樂樂雙頭鉤針6/0號
［密度］①花樣編　24針14段＝10cm正方形
［尺寸］參照織圖
［織法］取1股線鉤織。

繞線作輪狀起針，鉤入8針短針。從第2段開始依織圖以①花樣編加針，鉤織袋底＆袋身。在袋身挑針作出打褶，並且鉤一段輪編作為提把第1段，從第2段開始依織圖以往復編減針，鉤織②花樣編。在另一側指定位置接線，以相同作法鉤織。兩提把接合，以捲針縫接合，將提把中央的12段對摺，進行捲針縫。※交叉短針的鉤法，以及提把打褶的挑針法請見P.46。

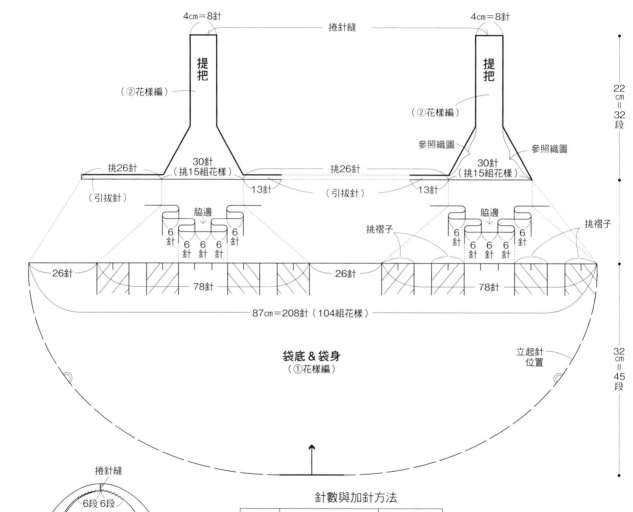

袋底＆袋身
（①花樣編）

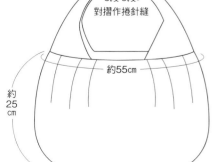

針數與加針方法

段	針數	加針
42～45	208針（104組花樣）	不加減針
41	208針（104組花樣）	加16針
33～40	192針（96組花樣）	不加減針
32	192針（96組花樣）	加16針
26～31	176針（88組花樣）	不加減針
25	176針（88組花樣）	加16針
21～24	160針（80組花樣）	不加減針
20	160針（80組花樣）	加16針
16～19	144針（72組花樣）	不加減針
15	144針（72組花樣）	加16針
14	128針（64組花樣）	不加減針
13	128針（64組花樣）	加16針

段	針數	加針
12	112針（56組花樣）	不加減針
11	112針（56組花樣）	加16針
10	96針（48組花樣）	不加減針
9	96針（48組花樣）	每段加16針
8	80針（40組花樣）	
7	64針（32組花樣）	不加減針
6	64針（32組花樣）	每段加16針
5	48針（24組花樣）	
4	32針（16組花樣）	不加減針
3	32針（16組花樣）	加16針
2	16針（8組花樣）	加8針
1	鉤入8針	

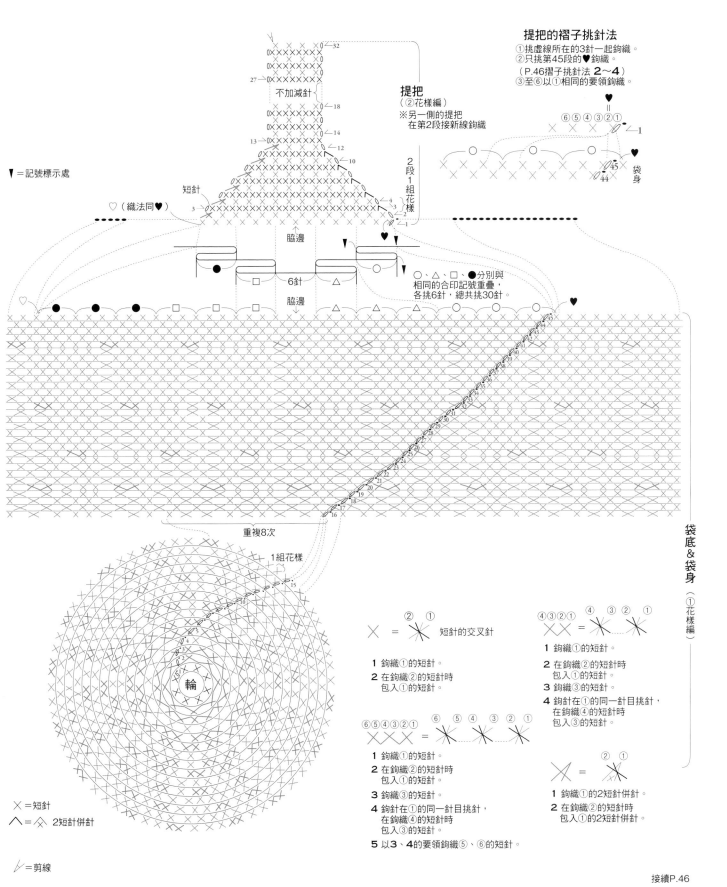

 **O3 BAG的織法** *為了更淺顯易懂，部分示範改以不同色線進行。

交叉短針的鉤法

[第2段] ✕✕

1
鉤立起針的鎖針1針，在前段的第1針短針入針，鉤織短針。

2
接著，鉤針往立起針後方的挑針，如圖示箭頭在前段的第8針入針。

3
如同包入第1針般掛線鉤出，鉤織短針。完成1組「交叉短針」。

4
下一針在前段的第2針入針，鉤織短針。

5
在步驟1同一針目入針，包覆步驟4的針目般鉤織短針。

6
完成2組交叉短針。由於是在相同針目入針，因此變成加一針。

7
以相同要領鉤織1段，最後挑步驟1的短針針頭鉤引拔針。第3段的織法同第2段。

[第4段] ✕

跳過1針

8
第4段，首先同第2段步驟1～3，鉤1組交叉短針。接著跳過前段1針，依圖示箭頭入針，鉤織短針。

9
在步驟8跳過的針目入針，包覆步驟8的針目般鉤織短針。

10
完成✕。再下來重複步驟8、9，不加減針鉤織一段。

提把的褶子挑針法

1
在合印記號（○、△）處加上線段或記號圈。鉤至脇邊後，同樣在□、●標記。

2
依據記號摺疊袋身。鉤織立起針的鎖針後，鉤針依前箭頭指示，穿入記號針目內側的針目，一次挑3針。

3
掛線鉤出，鉤織短針。

4
接下來如同包覆步驟3的針目，在袋身第45段的♥記號入針，鉤織短針。

5
完成一組花樣。接著跳過1針後，一次挑3針鉤織短針。依「交叉短針的織法」步驟9相同要領，在跳過的針目入針，鉤織短針。

6
以相同要領鉤織脇邊另一側的交叉短針，作出褶子，並且形成從袋身延續的花樣。對面的提把也是相同作法。

46

07 BAG

PHOTO >> P.10

[材料]
・線材　Hamanaka Eco Andaria（40g／球）　白色（1）70g　靛藍色（57）、綠色（17）各50g
・鉤針　Hamanaka樂樂雙頭鉤針6/0號
・其他　Hamanaka皮革底（大）焦茶色（直徑20cm／H204-616）1片
[密度]　花樣編　1組花樣（4針）＝2.4cm、2組花樣（12段）＝10.5cm
[尺寸]　參照織圖
[織法]　取1股線，依指定配色鉤織。
在皮革底的開孔鉤入60針短針，第2段加針至120針。接著以花樣編鉤織袋身，袋口處改以白色鉤織5段緣編。提把是鎖針起針55
針，以筋編要領鉤織8段引拔針。最後在袋身接縫提把即可。

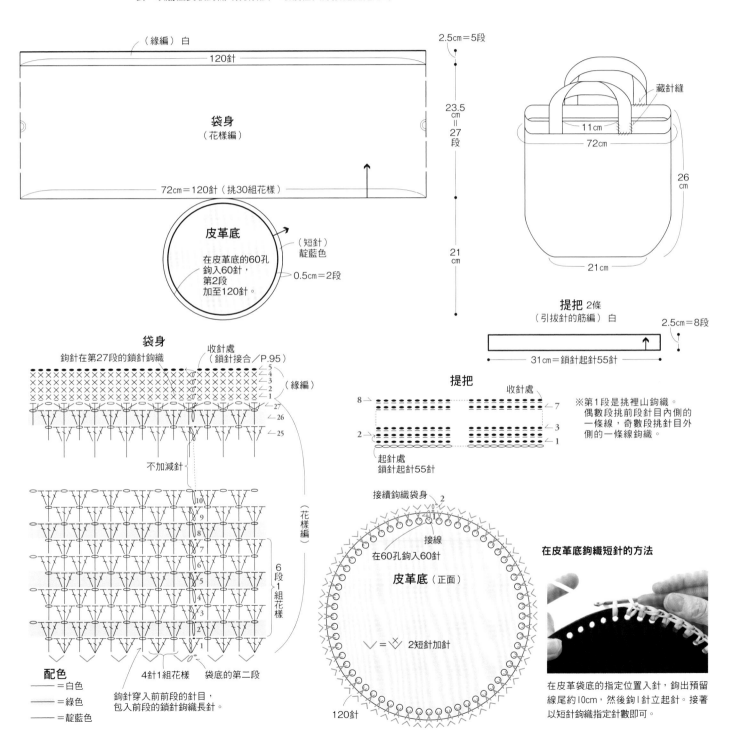

（緣編）白
120針
袋身
（花樣編）
72cm＝120針（挑30組花樣）

2.5cm＝5段
23.5cm＝27段
21cm

藏針縫
11cm
72cm
26cm
21cm

皮革底
在皮革底的60孔鉤入60針，第2段加至120針。
（短針）靛藍色
0.5cm＝2段

提把 2條
（引拔針的筋編）白
31cm＝鎖針起針55針
2.5cm＝8段

袋身
鉤針在第27段的鎖針鉤織
收針處（鎖針接合／P.95）
（緣編）
（花樣編）
不加減針
6段1組花樣
4針1組花樣　袋底的第二段
鉤針穿入前前段的針目，包入前段的鎖針鉤織長針。

提把
收針處
起針處 鎖針起針55針
※第1段是挑裡山鉤織。偶數段挑前段針目內側的一條線，奇數段挑針目外側的一條線鉤織。

接續鉤織袋身
接線
在60孔鉤入60針
皮革底（正面）
∨＝2短針加針
120針

在皮革底鉤織短針的方法

在皮革袋底的指定位置入針，鉤出預留線尾約10cm，然後鉤1針立起針。接著以短針鉤織指定針數即可。

配色
—＝白色
—＝綠色
—＝靛藍色

47

04 BAG

[材料]
・線材　Hamanaka Eco Andaria《Crochet》（30g／球）　紅色（805）80g
・鉤針　Hamanaka樂樂雙頭鉤針3/0號
・其他　Hamanaka D型竹提把（中）自然色（H210-632-1）1組
[密度] 花樣編　1組花樣（6針）＝約2.6cm、1組花樣（4段）＝約4.4cm
[尺寸] 參照織圖
[織法] 取1股線鉤織。

鎖針起針92針開始鉤織袋身，不加減針鉤織花樣編。提把口布則是分別在袋身的起針段和收針段挑針，鉤織方眼編。袋身正面相對對摺，兩脇邊鉤鎖針併縫。提把口布包覆D型提把後，以捲針縫接合。

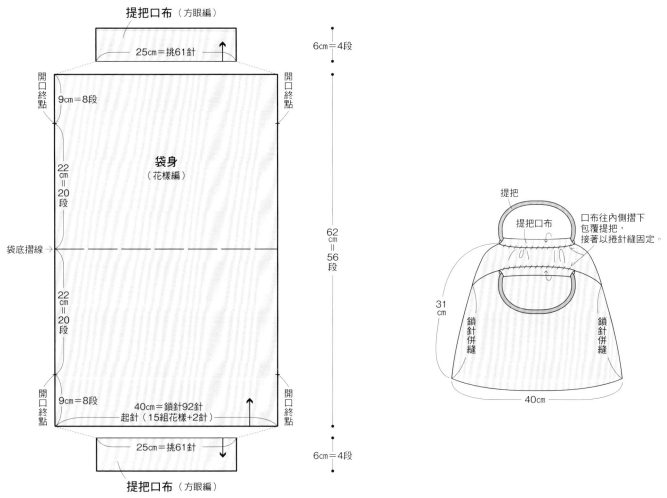

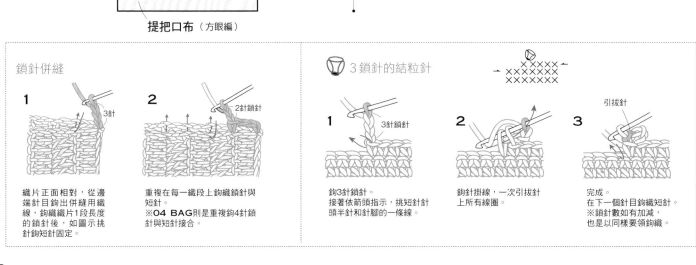

鎖針併縫

1　織片正面相對，從邊端針目出鉤併縫用織線，鉤織織片1段長度的鎖針後，如圖示挑針鉤針短針固定。　3針

2　重複在每一織段上鉤織鎖針與短針。
※04 BAG則是重複鉤4針鎖針與短針接合。　2針鎖針

3鎖針的結粒針

1　鉤3針鎖針。
接著依箭頭指示，挑短針針頭半針和針腳的一條線。　3針鎖針

2　鉤針掛線，一次引拔針上所有線圈。

3　完成。
在下一個針目鉤織短針。
※鎖針數如有加減，也是以同樣要領鉤織。　引拔針

48

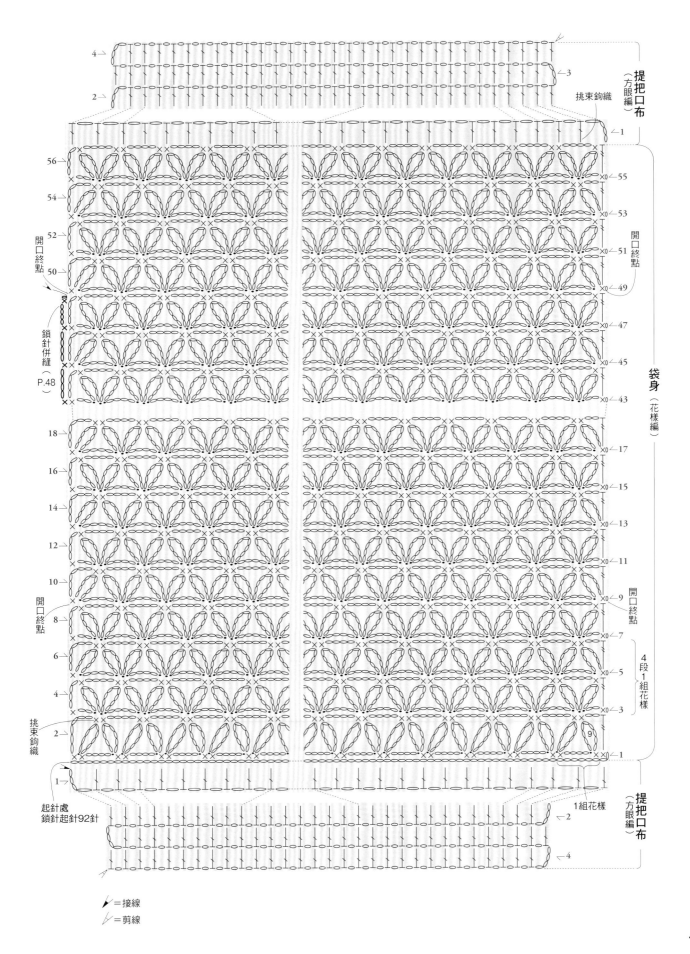

提把口布
（方眼編）

挑束鉤織

開口終點

開口終點

鎖針併縫
（P.48）

袋身
（花樣編）

開口終點

開口終點

4段1組花樣

挑束鉤織

1組花樣

起針處
鎖針起針92針

9

提把口布
（方眼編）

✓ =接線
✓ =剪線

49

05 BAG

PHOTO >> P.7

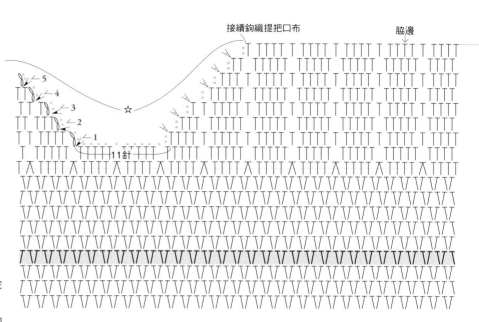

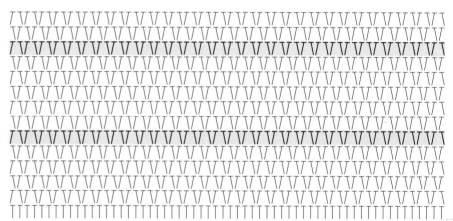

[材料]
- **線材** Hamanaka Eco Andaria（40g／球）
  淺駝色（23）230g　黑色（30）25g
- **鉤針** Hamanaka樂樂雙頭鉤針5/0號
- **其他** Hamanaka竹提把圓形（中）
  自然色（H210-623-1）1組
- [密度] 短針　19.5針＝10cm、11段＝5cm
  條紋花樣編　16針15段＝10cm正方形
- [尺寸] 參照織圖
- [織法] 取1股線，除條紋花樣編之外，皆以淺駝色鉤織。

鎖針起針47針從袋底開始鉤織，依織圖加針，鉤織11段短針。接續以條紋花樣編鉤織35段袋身，再減針鉤2段中長針。在袋口的指定位置接線，依織圖每鉤織1段中長針就剪線。接著在袋口（☆）挑針，以中長針鉤織提把口布。口布織片包覆提把後，與提把口布內側的第1段以捲針縫固定。

接續鉤織提把口布　　脇邊

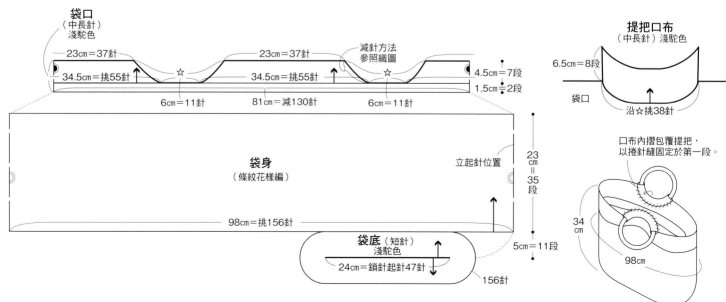

袋口（中長針）淺駝色
23cm＝37針
34.5cm＝挑55針
6cm＝11針　81cm＝減130針　6cm＝11針
4.5cm＝7段
1.5cm＝2段
減針方法參照織圖

袋身（條紋花樣編）
立起針位置
98cm＝挑156針
23cm＝35段
5cm＝11段

袋底（短針）淺駝色
24cm＝鎖針起針47針
156針

提把口布（中長針）淺駝色
6.5cm＝8段
袋口
沿☆挑38針
口布內摺包覆提把，以捲針縫固定於第一段。
34cm
98cm

50

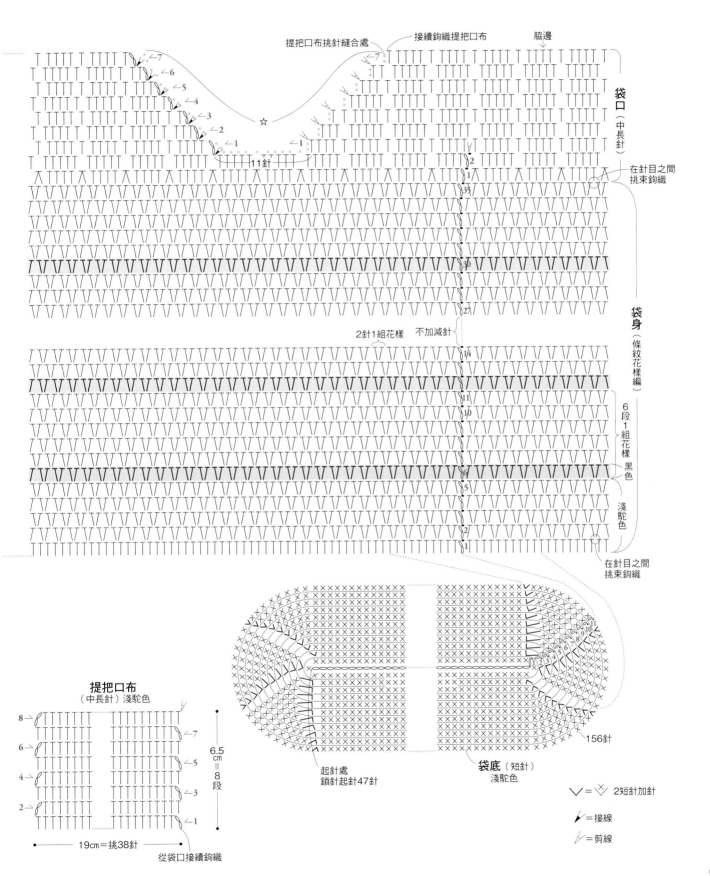

提把口布挑針縫合處　接續鉤織提把口布　脇邊

←7
←6
←5
←4
←3
←2
←1　☆　←1

11針

袋口（中長針）

在針目之間挑束鉤織

↓2
1
33

30

27

2針1組花樣　不加減針

14

11
10

6段1組花樣 黑色

6
5

淺駝色

2
1

在針目之間挑束鉤織

袋身（條紋花樣編）

提把口布
（中長針）淺駝色

8→
6→
←7
4→
←5
2→
←3
←1

6.5cm＝8段

19cm＝挑38針
從袋口接續鉤織

起針處
鎖針起針47針

袋底（短針）
淺駝色

156針

∨＝2短針加針

＝接線

＝剪線

06 HAT

PHOTO >> P.8,9

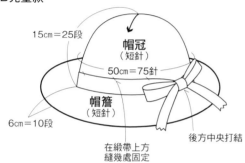

[材料]

・線材　Hamanaka Eco Andaria（40g／球）　淺駝色（23）
　　　　A［成人款］110g　B［兒童款］75g
・鉤針　Hamanaka樂樂雙頭鉤針7/0號
・其他　Hamanaka 形狀保持材（H204-593）A［成人款］11m　B［兒童款］7m
　　　　Hamanaka熱收縮管（H204-605）5cm
　　　　Hamanaka羅紋緞帶
　　　　A［成人款］寬3.6cm　黑色（H714-036-024）145cm　B［兒童款］寬1.8cm　靛藍色（H714-018-021）115cm
[密度]　短針　15針17段＝10cm正方形
[尺寸]　A［成人款］頭圍58.5cm　高16.5cm
　　　　B［兒童款］頭圍50cm　高15cm
[織法]　取1股線鉤織。

繞線作輪狀起針，鉤入7針短針。第2段開始依織圖加針，以短針鉤織帽冠。帽簷同樣一邊加針一邊以短針鉤織，鉤織時包入形狀保持材。緞帶繞帽冠一圈打蝴蝶結，如圖示在上方挑幾處接縫固定。

B兒童款

15cm＝25段

帽冠（短針）

50cm＝75針

帽簷（短針）

6cm＝10段

在緞帶上方縫幾處固定

後方中央打結

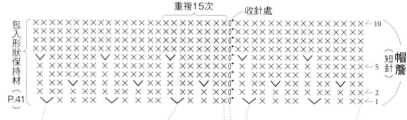

包入形狀保持材（P.41）

重複15次　收針處

帽簷（短針）

重複5次　不加減針

重複7次　不加減針

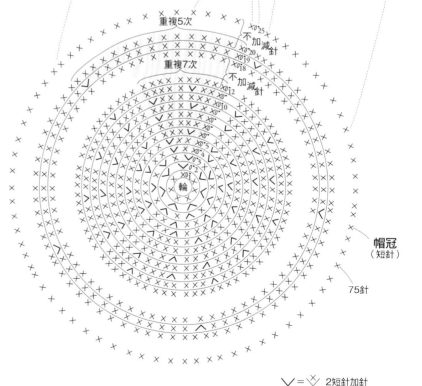

帽冠（短針）

75針

∨＝╳ 2短針加針

針數與加針方法

	段	針數	加針方法	
帽簷	7～10	120針	不加減針	包入形狀保持材
	6	120針	加15針	
	4・5	105針	不加減針	
	3	105針	加15針	
	2	90針	不加減針	
	1	90針	加15針	
帽冠	20～25	75針	不加減針	
	19	75針	加5針	
	12～18	70針	不加減針	
	11	70針	每段加7針	
	10	63針		
	9	56針		
	8	49針		
	7	42針	不加減針	
	6	42針	每段加7針	
	5	35針		
	4	28針		
	3	21針		
	2	14針		
	1	鉤入7針		

A成人款

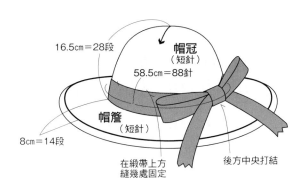

16.5cm＝28段
帽冠（短針）
58.5cm＝88針
帽簷（短針）
8cm＝14段
在緞帶上方縫幾處固定
後方中央打結

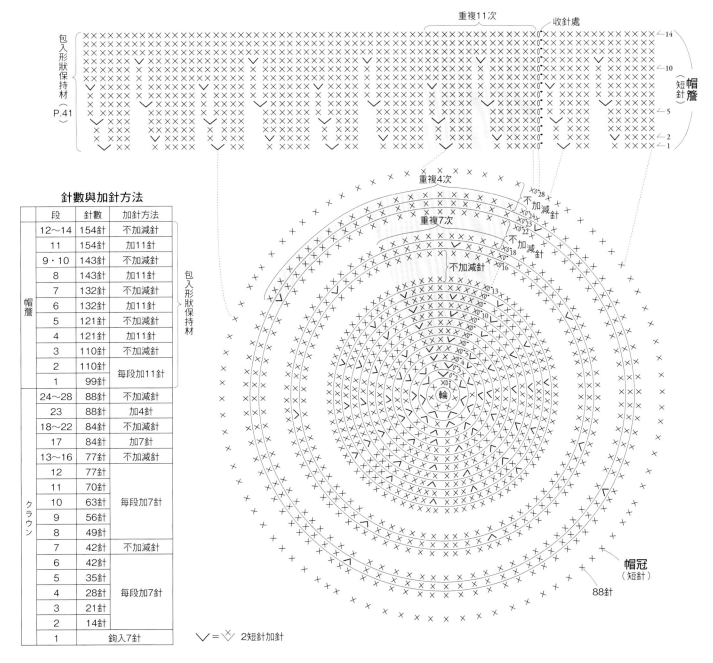

重複11次
收針處
包入形狀保持材（P.41）
帽簷（短針）
←14
←10
←5
←2
←1

重複4次
不加減針
重複7次
不加減針
不加減針
輪

帽冠（短針）
88針

針數與加針方法

	段	針數	加針方法
帽簷	12～14	154針	不加減針
	11	154針	加11針
	9・10	143針	不加減針
	8	143針	加11針
	7	132針	不加減針
	6	132針	加11針
	5	121針	不加減針
	4	121針	加11針
	3	110針	不加減針
	2	110針	每段加11針
	1	99針	
クラウン	24～28	88針	不加減針
	23	88針	加4針
	18～22	84針	不加減針
	17	84針	加7針
	13～16	77針	不加減針
	12	77針	每段加7針
	11	70針	
	10	63針	
	9	56針	
	8	49針	
	7	42針	不加減針
	6	42針	每段加7針
	5	35針	
	4	28針	
	3	21針	
	2	14針	
	1	鉤入7針	

包入形狀保持材

∨ = ✕ 2短針加針

08 HAT

PHOTO >> P.11

[材料]

・線材　Hamanaka Eco Andaria（40g／球）　稻草色（42）
　　　　A［成人款］115g　B［兒童款］70g
・鉤針　Hamanaka樂樂雙頭鉤針5/0號
[密度]　短針・花樣編　20針20段＝10cm正方形
　　　　短針的筋編　23針＝10cm、7段＝4.5cm
[尺寸]　A［成人款］頭圍57cm　高17cm
　　　　B［兒童款］頭圍51cm　高15cm
[織法]　取1股線鉤織。

繞線作輪狀起針，鉤入7針短針。從第2段開始依織圖加針，以短針鉤織帽頂。接著繼續依織圖加減針，以花樣編鉤織帽冠。再依圖以短針的筋編加針鉤織帽簷，最後鉤緣編。

B兒童款

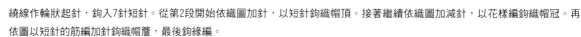

7.5cm＝15段　帽頂（短針）
7.5cm＝15段　帽冠（花樣編）
4.5cm＝7段　51cm＝102針
0.5cm＝1段　帽簷（短針的筋編）
（緣編）

針數的加針・減針方法

	段	針數	加針・減針法
帽簷	1	85組花樣（緣編）	
	7	170針	不加減針
	6	170針	加17針
	5	153針	不加減針
	4	153針	加17針
	3	136針	不加減針
	2	136針	每段加17針
	1	119針	
帽冠	15	102針	每段減6針
	14	108針	
	11〜13	114針	不加減針
	10	114針	加6針
	6〜9	108針	不加減針
	5	108針	加12針
	4	96針	加6針
	2・3	90針	不加減針
	1	90針	加6針
帽頂	14・15	84針	不加減針
	13	84針	加7針
	12	77針	不加減針
	11	77針	
	10	70針	
	9	63針	
	8	56針	
	7	49針	每段加7針
	6	42針	
	5	35針	
	4	28針	
	3	21針	
	2	14針	
	1	鉤入7針	

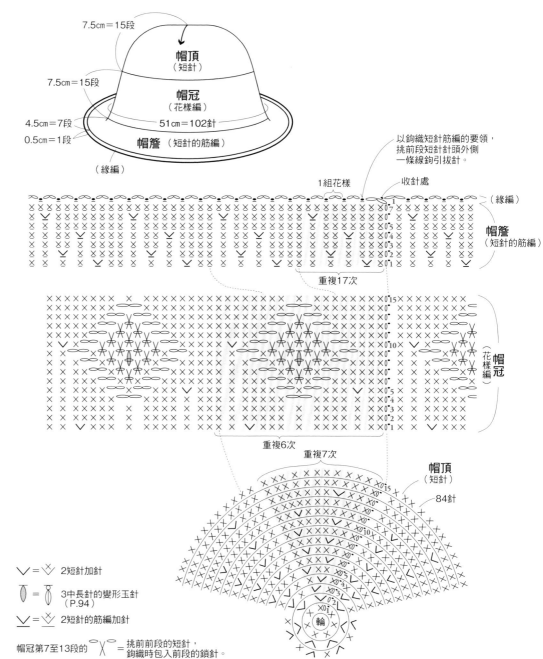

以鉤織短針筋編的要領，挑前段短針針頭外側一條線鉤引拔針。

1組花樣　收針處

（緣編）

帽簷（短針的筋編）

重複17次

（花樣編）帽冠

重複6次　重複7次

帽頂（短針）
84針

∨＝ 2短針加針

＝ 3中長針的變形玉針（P.94）

∨＝ 2短針的筋編加針

帽冠第7至13段的 ＝挑前前段的短針，鉤織時包入前段的鎖針。

54

A成人款

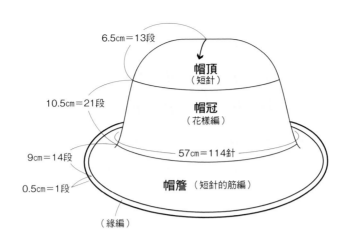

6.5cm＝13段

帽頂（短針）

10.5cm＝21段

帽冠（花樣編）

9cm＝14段

57cm＝114針

0.5cm＝1段

帽簷（短針的筋編）

（緣編）

針數的加針・減針方法

	段	針數	加針・減針法
	1	114組花樣（緣編）	
帽簷	14	228針	不加減針
	13	228針	加19針
	11・12	209針	不加減針
	10	209針	加19針
	8・9	190針	不加減針
	7	190針	加19針
	5・6	171針	不加減針
	4	171針	加19針
	3	152針	不加減針
	2	152針	每段加19針
	1	133針	
帽冠	21	114針	每段減6針
	20	120針	
	18・19	126針	不加減針
	17	126針	加6針
	13～16	120針	不加減針
	12	120針	加6針
	9～11	114針	不加減針
	8	114針	
	7	108針	每段加6針
	6	102針	
	5	96針	不加減針
	4	96針	加6針
	2・3	90針	不加減針
	1	90針	加6針
帽頂	13	84針	不加減針
	12	84針	
	11	77針	
	10	70針	
	9	63針	
	8	56針	
	7	49針	每段加7針
	6	42針	
	5	35針	
	4	28針	
	3	21針	
	2	14針	
	1	鉤入7針	

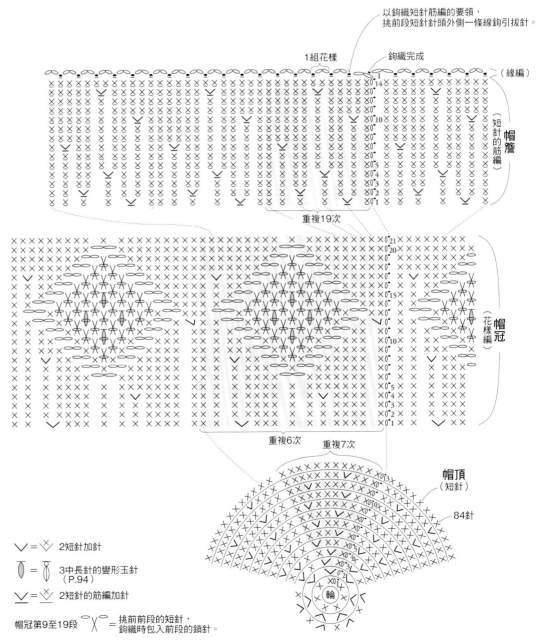

以鉤織短針筋編的要領，
挑前段短針針頭外側一條線鉤引拔針。

1組花樣　　鉤織完成

（緣編）

（短針的筋編）帽簷

重複19次

（花樣編）帽冠

重複6次　重複7次

帽頂（短針）

84針

∨ ＝ 2短針加針

 ＝ 3中長針的變形玉針（P.94）

∨ ＝ 2短針的筋編加針

帽冠第9至19段 ＝ 挑前前段的短針，鉤織時包入前段的鎖針。

55

09 HAT

PHOTO >> P.12

[材料]
- ・線材　Hamanaka Eco Andaria《Crochet》（30g／球）　砂棕色（802）、棕色（804）各30g
　　　　Hamanaka Eco Andaria（40g／球）　砂棕色（169）50g
- ・鉤針　Hamanaka樂樂雙頭鉤針5/0號、3/0號
- ・其他　Hamanaka 形狀保持材（H204-593）1m15cm　Hamanaka熱收縮管（H204-605）5cm

[密度]　短針的筋編　19針15段＝10cm正方形

[尺寸]　頭圍55cm　高18cm

[織法]　取1股線，除引拔針以外皆使用Eco Andaria《Crochet》依指定配色鉤織。
繞線作輪狀起針，鉤入8針短針。從第2段開始依織圖加針，以短針的筋編鉤織帽頂、帽冠、帽簷。看著帽子內側鉤織引拔針，但跳過立起針不鉤，以輪編方式在帽頂、帽冠、帽簷挑針。鉤織線繩，繞帽冠兩圈後打結。

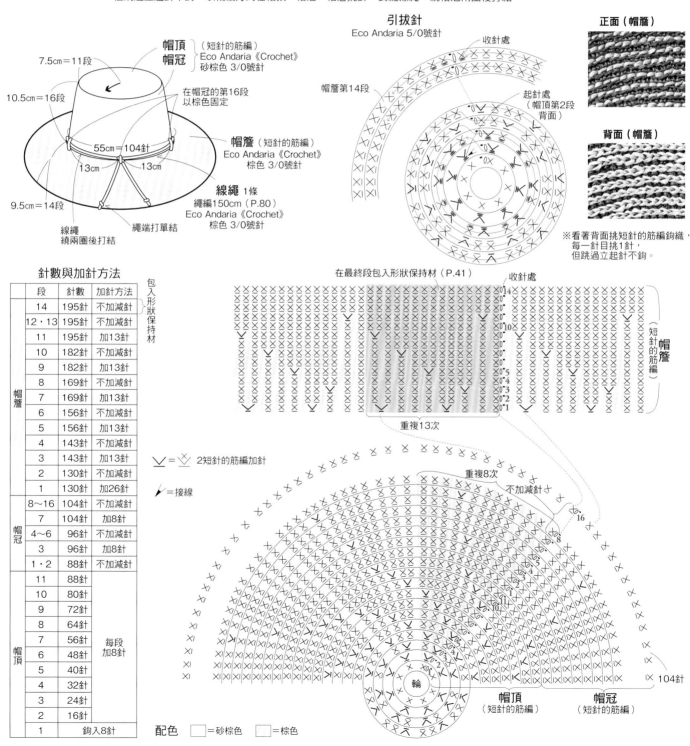

針數與加針方法

段	針數	加針方法	
帽簷	14	195針	不加減針
	12・13	195針	不加減針
	11	195針	加13針
	10	182針	不加減針
	9	182針	加13針
	8	169針	不加減針
	7	169針	加13針
	6	156針	不加減針
	5	156針	加13針
	4	143針	不加減針
	3	143針	加13針
	2	130針	不加減針
	1	130針	加26針
帽冠	8～16	104針	不加減針
	7	104針	加8針
	4～6	96針	不加減針
	3	96針	加8針
	1・2	88針	不加減針
帽頂	11	88針	每段加8針
	10	80針	
	9	72針	
	8	64針	
	7	56針	
	6	48針	
	5	40針	
	4	32針	
	3	24針	
	2	16針	
	1	鉤入8針	

包入形狀保持材

帽頂　帽冠
（短針的筋編）
Eco Andaria《Crochet》
砂棕色 3/0號針

在帽冠的第16段
以棕色固定

7.5cm＝11段
10.5cm＝16段

55cm＝104針
13cm　13cm
9.5cm＝14段

帽簷（短針的筋編）
Eco Andaria《Crochet》
棕色 3/0號針

線繩 1條
繩編150cm（P.80）
Eco Andaria《Crochet》
棕色 3/0號針

繩端打單結

線繩
繞兩圈後打結

引拔針
Eco Andaria 5/0號針

收針處

帽簷第14段

起針處
（帽頂第2段背面）

正面（帽簷）

背面（帽簷）

※看著背面挑短針的筋編鉤織，
每一針目挑1針，
但跳過立起針不鉤。

在最終段包入形狀保持材（P.41）

收針處

（短針的筋編）帽簷

重複13次

重複8次

不加減針

∨＝╳ 2短針的筋編加針

↗＝接線

帽頂（短針的筋編）　帽冠（短針的筋編）

104針

配色　□＝砂棕色　□＝棕色

17 POUCH

· 線材　Hamanaka Eco Andaria（40g／球）
　　　A棕色（159）35g　水藍色（41）10g　B灰色（58）35g　綠色（17）10g
· 鉤針　Hamanaka樂樂雙頭鉤針7/0號
· 其他　拉鍊 25cm1條　手縫線　手縫針
[密度] 短針的織入圖案　16針16段＝10cm正方形
[尺寸] 寬22.5cm　高11.5cm
[織法] 取1股線，依指定配色鉤織。
鎖針起針32針從袋底開始鉤織，依織圖進行短針的加針。接著，以短針的織入圖案鉤織16段袋身。最後在袋口處接縫拉鍊即可。

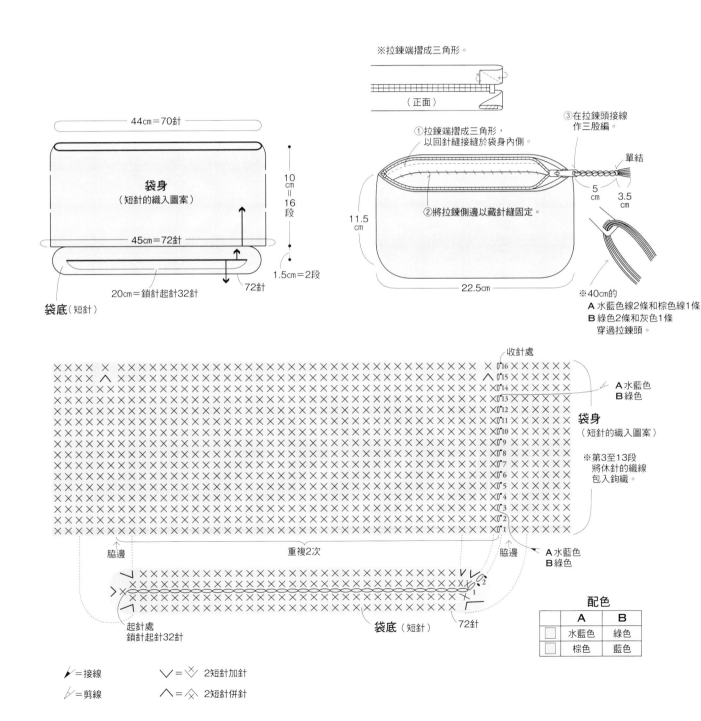

※拉鍊端摺成三角形。

（正面）

44cm=70針

袋身
（短針的織入圖案）

45cm=72針

20cm=鎖針起針32針

袋底（短針）

10 = 16 段 cm

1.5cm=2段

72針

①拉鍊端摺成三角形，
以回針縫接縫於袋身內側。

②將拉鍊側邊以藏針縫固定。

11.5 cm

22.5cm

③在拉鍊頭接線
作三股編。

單結

5 cm

3.5 cm

※40cm的
A水藍色線2條和棕色線1條
B綠色2條和灰色1條
穿過拉鍊頭。

收針處

A水藍色
B綠色

袋身
（短針的織入圖案）

※第3至13段
將休針的織線
包入鉤織。

A水藍色
B綠色

脇邊　　　重複2次　　　脇邊

起針處
鎖針起針32針

袋底（短針）

72針

配色

	A	B
	水藍色	綠色
	棕色	藍色

⟋=接線　　∨=ᐯ 2短針加針
⟋=剪線　　∧=⌃ 2短針併針

57

10 BAG

PHOTO >> P.13,15

[材料]
・線材 A Hamanaka Eco Andaria（40g／球） 靛藍色（57）320g
　　　　　Hamanaka Dear Linen（25g／球） 藍色（7）190g
　　　　B Hamanaka Eco Andaria（40g／球） 稻草色（42）320g
　　　　　Hamanaka Flax C（25g／球） 紅色（103）180g
・鉤針 Hamanaka樂樂雙頭鉤針7/0號
・其他 4.5cm鈕釦1顆
[密度] 花樣編（輪編） 17針10.5段＝10cm正方形
　　　　花樣編（往復編） 17針9.5段＝10cm正方形
[尺寸] 參照織圖

[織法] A取Hamanaka Eco Andaria和Dear linen各1條線，B取Hamanaka Eco Andaria和Flax C各1條，以雙線一起鉤織。鎖針起針40針從袋底開始鉤織，依織圖加針鉤織花樣編。接著鉤織袋身，以不加減針的花樣編進行輪編。袋蓋則是鎖針起針58針，花樣編不加減針鉤織往復編，剪線後在指定處接線，沿袋蓋周圍鉤1段短針以及釦環。提把是鎖針起針120針，依織圖加針鉤2段短針。對摺重疊★記號的114針，鉤引拔針縫合。兩脇邊的袋口處內側以捲針縫固定，作出側幅。接縫袋身與袋蓋，再縫合提把與鈕扣即完成。

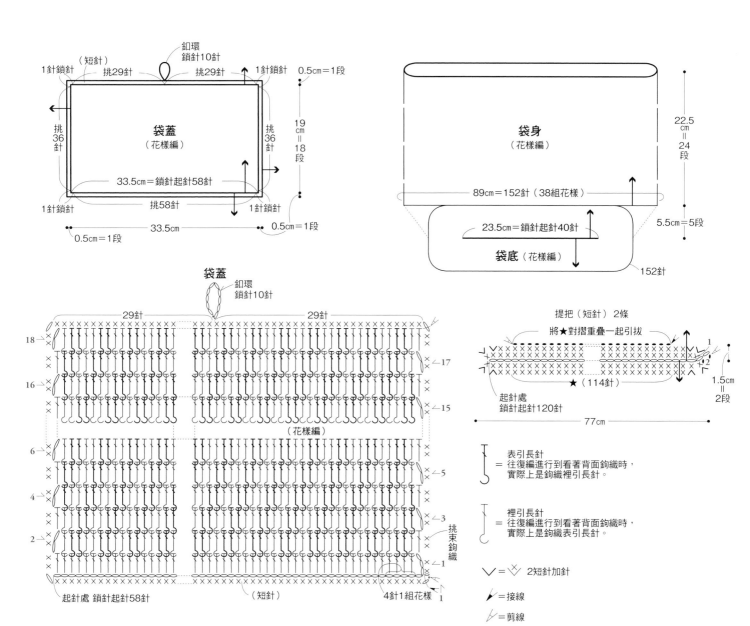

58

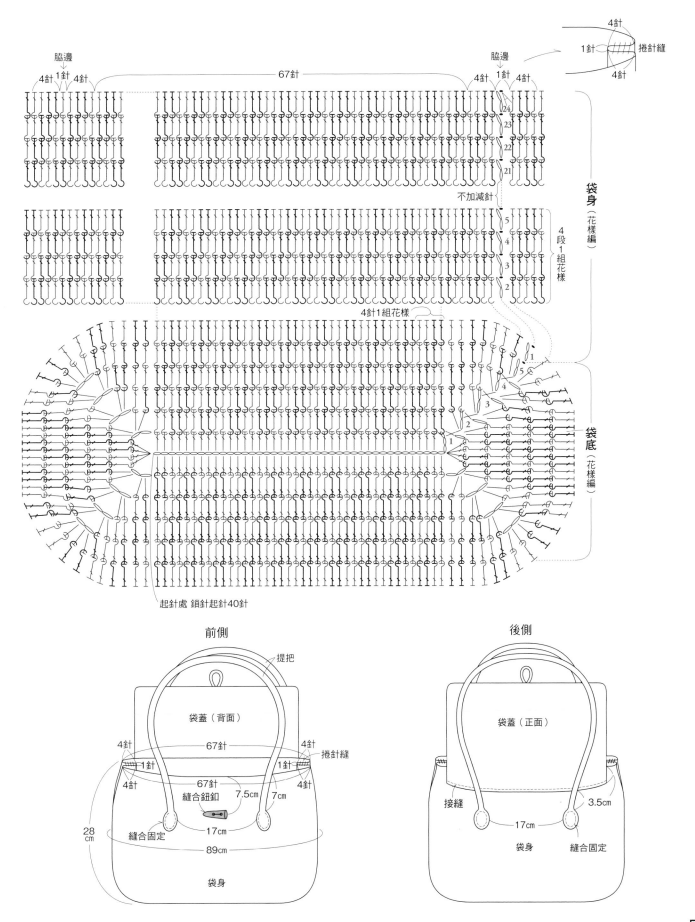

脇邊　　　　　　　　　　　　　67針　　　　　　　　　　　脇邊

4針 1針 4針　　　　　　　　　　　　　　　　　　　　　　4針 1針 4針

4針
1針　捲針縫
4針

24
23
22
21

不加減針

5
4　4段1組花樣
3
2

袋身（花樣編）

4針1組花樣

1
5
4
3
2
1

袋底（花樣編）

起針處 鎖針起針40針

前側

提把

袋蓋（背面）

4針　　67針　　　4針　捲針縫
1針　　　　　　　1針
4針　　67針　　　4針
　　縫合鈕釦　　7.5㎝　7㎝
28㎝　　　　　17㎝
縫合固定
89㎝
袋身

後側

袋蓋（正面）

接縫　　　　　　　　3.5㎝
17㎝
袋身　　縫合固定

59

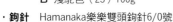

11 HAT

PHOTO >> P.14,15

[材料]

- **線材** Hamanaka Eco Andaria（40g／球）
  - **A** 藍綠（63）75g　金屬黑（177）15g　萊姆黃（19）10g
  - **B** 淺駝色（23）100g
- **鉤針** Hamanaka樂樂雙頭鉤針6/0號
- **其他** Hamanaka 形狀保持材（H204-593）8m　Hamanaka熱收縮管（H204-605）5cm
- [密度] 短針（包入形狀保持材）　19.5針19.5段＝10cm正方形
- [尺寸] 頭圍56cm　高11.5cm
- [織法] 取1股線，A除了指定以外皆使用藍綠色鉤織。

鎖針起針5針，輪狀鉤入12針鎖針。從第2段開始依織圖加針，以短針和花樣編鉤織帽頂、帽冠和帽簷，在帽頂至帽冠的第10段為止包入形狀保持材。

針數與加針方法

	段	針數	加針方法
帽簷	7〜9	150針	不加減針
	6	150針	每段加6針
	5	144針	
	4	138針	不加減針
	3	138針	每段加6針
	2	132針	
	1	126針	加18針
帽冠	20	108針（27組花樣）	不加減針
	19	108針	
	18	108針（27組花樣）	
	17	108針	
	16	108針	加2針
	14・15	106針	不加減針
	13	106針	加4針
	11・12	102針	不加減針
	10	102針	加4針
	6〜9	98針	不加減針
	5	98針	加4針
	1〜4	94針	不加減針
帽頂	13	94針	每段加4針
	12	90針	
	11	86針	
	10	82針	每段加8針
	9	74針	
	8	66針	
	7	58針	
	6	50針	
	5	42針	
	4	34針	
	3	26針	加6針
	2	20針	加8針
	1	鉤入12針	

（包入形狀保持材）

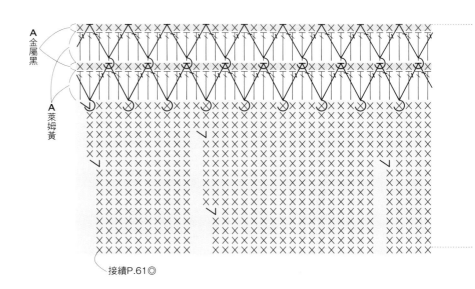

A 金屬黑
A 萊姆黃

接續P.61◎

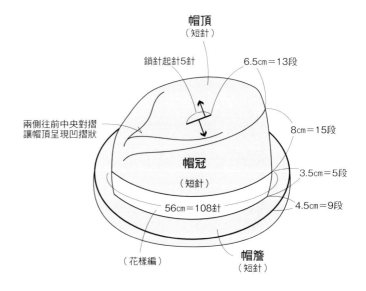

帽頂
（短針）

鎖針起針5針

6.5cm＝13段

8cm＝15段

3.5cm＝5段

4.5cm＝9段

兩側往前中央對摺
讓帽頂呈現凹摺狀

帽冠
（短針）

56cm＝108針

（花樣編）

帽簷
（短針）

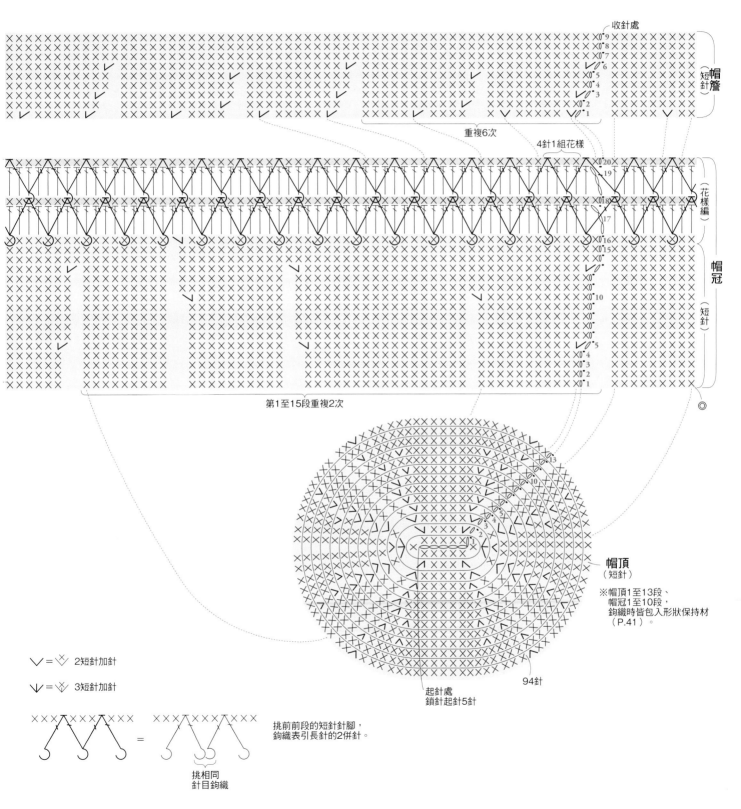

收針處

帽簷
（短針）

重複6次

4針1組花樣

（花樣編）

帽冠

（短針）

第1至15段重複2次

帽頂
（短針）

※帽頂1至13段、
帽冠1至10段，
鉤織時皆包入形狀保持材
（P.41）。

94針

起針處
鎖針起針5針

$\vee$ = 2短針加針

$\vee$ = 3短針加針

挑前前段的短針針腳，
鉤織表引長針的2併針。

挑相同
針目鉤織

12 CLUTCH BAG

PHOTO >> P.16

[材料]
- **線材** Hamanaka Eco Andaria（40g／球）
  黑色（30）100g　淺駝色（23）95g
- **鉤針** Hamanaka樂樂雙頭鉤針5/0號
- [密度] 短針、短針的條紋花樣
  18針20.5段＝10cm正方形
- [尺寸] 參照織圖
- [織法] 取1股線，依指定配色鉤織。

鎖針起針56針開始鉤織本體，輪編鉤入116針短針，第2段改換鉤織方向，依織圖進行輪編的往復編加針鉤織。繼續鉤織袋身，不加減針進行短針的條紋花樣，鉤織62段輪編的往復編。第63段在指定位置接線，各鉤6段作出提把的開口。第69段進行輪編，提把開口處分別以18針鎖針連接。第70段開始，同樣依織圖進行輪編的往復編，鉤織短針的條紋花樣。

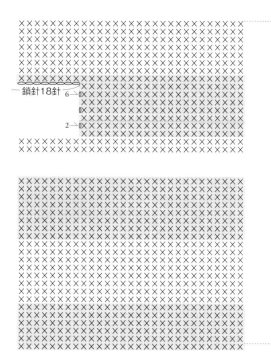

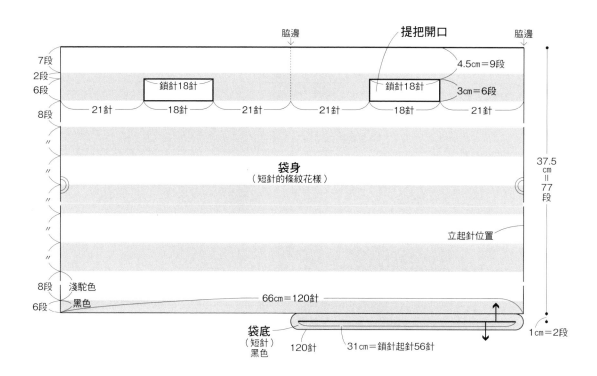

※鉤至第62段時先整理袋身形狀，
確認提把開口位置是否在包包中央，
若有偏差時需調整至包包中央（P.41）。

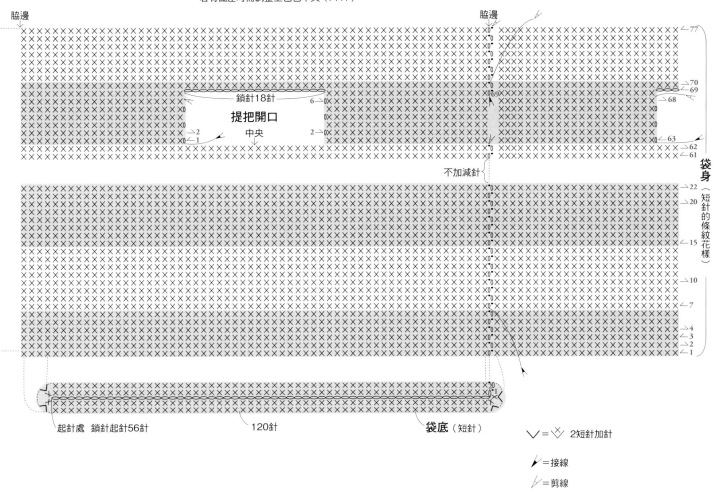

脇邊

脇邊

鎖針18針

提把開口

中央

不加減針

袋身（短針的條紋花樣）

77
70
69
68
63
62
61

22
20

15

10
7

4
3
2
1

起針處　鎖針起針56針

120針

袋底（短針）

∨ = 2短針加針

＝接線

＝剪線

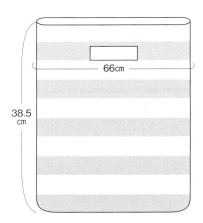

66cm

38.5
cm

13 CLUTCH BAG

PHOTO >> P.18

[材料]
- 線材　Hamanaka Eco Andaria（40g／球）
　　　　銀色（174）60g　亮棕色（15）40g
- 鉤針　Hamanaka樂樂雙頭鉤針
　　　　6/0號、7/0號
- 其他　Hamanaka 圓形磁釦18mm
　　　　古典（H206-041-3）1組

[密度]　短針畝針的條紋花樣（第2至27段）
　　　　2組花樣＝11.5cm、4段＝3.5cm

[尺寸]　參照織圖

[織法]　取1股線，依指定配色鉤織。
鎖針起針47針開始鉤織本體，輪編鉤入98針短針
完成袋底。接續鉤織袋身，以輪編的往復編進
行，不加減針鉤織短針筋編的條紋花樣。釦帶為
鎖針起針17針，頭尾接合成圈，鉤織短針和表引
短針，完成後接縫磁釦，將釦帶縫於本體即可。

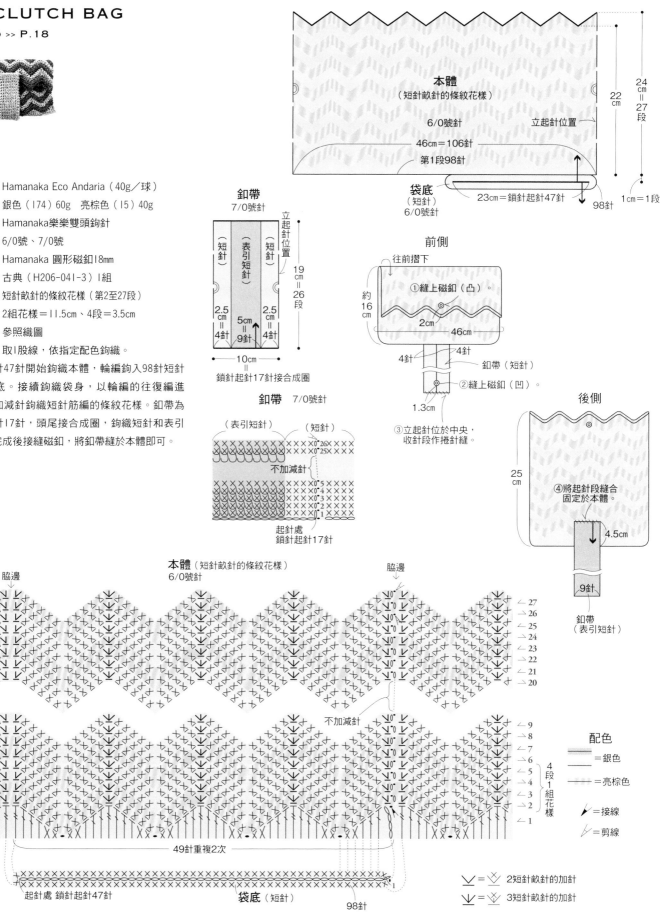

本體（短針畝針的條紋花樣）
6/0號針
22cm
24cm＝27段
46cm＝106針
第1段98針
立起針位置
1cm＝1段
98針

袋底（短針）
6/0號針
23cm＝鎖針起針47針

釦帶
7/0號針
（短針）（表引短針）（短針）
立起針位置
19cm＝26段
2.5cm＝4針　5cm＝9針　2.5cm＝4針
10cm＝鎖針起針17針接合成圈

釦帶　7/0號針
（表引短針）（短針）
不加減針
起針處
鎖針起針17針

前側
往前摺下
①縫上磁釦（凸）。
約16cm
2cm
46cm
4針　4針
釦帶（短針）
②縫上磁釦（凹）。
1.3cm
③立起針位於中央，
收針段作捲針縫。

後側
25cm
④將起針段縫合
固定於本體。
4.5cm
9針
釦帶
（表引短針）

本體（短針畝針的條紋花樣）
6/0號針
脇邊　脇邊
←27
→26
←25
→24
←23
→22
←21
→20
不加減針
←9
→8
←7
→6
←5
→4
→3
→2
←1
4段1組花樣

49針重複2次
起針處 鎖針起針47針
袋底（短針）
98針

配色
＝銀色
＝亮棕色
✗＝接線
✗＝剪線

∨ ＝ ✕ 2短針畝針的加針
∨ ＝ ✕ 3短針畝針的加針

64

14 POUCH

PHOTO >> P.19

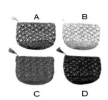

[材料]
- **線材** Hamanaka Eco Andaria（40g／球）40g
  - **A**亮土耳其藍（184）
  - **B**亮黃色（182）
  - **C**亮橘紅色（179）
  - **D**亮寶藍色（186）
- **鉤針** Hamanaka樂樂雙頭鉤針5/0號
- **其他** 拉鍊20cm1條　手縫線　手縫針
- [密度] 花樣編　1組花樣（6針）＝約3.1cm、10段＝10cm
- [尺寸] 寬19cm　高10cm
- [織法] 取1股線鉤織。

鎖針起針12針從袋底開始鉤織，依織圖進行短針的加針，接著以花樣編鉤10段袋身。袋口接縫拉鍊即可。

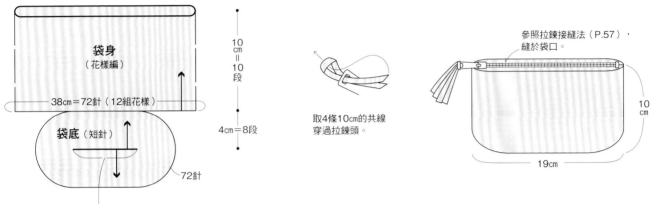

取4條10cm的共線
穿過拉鍊頭。

參照拉鍊接縫法（P.57），
縫於袋口。

袋身
（花樣編）

38cm＝72針（12組花樣）

袋底（短針）

72針

6cm＝鎖針起針12針

10cm＝10段

4cm＝8段

10cm

19cm

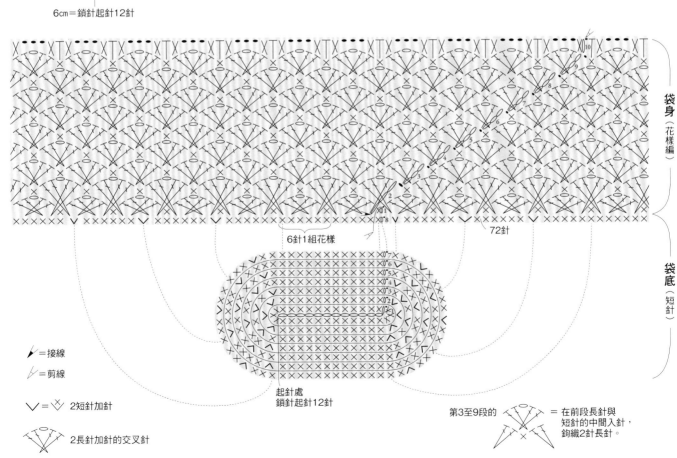

袋身
（花樣編）

6針1組花樣

72針

袋底（短針）

起針處
鎖針起針12針

╱＝接線

╱＝剪線

∨＝ 2短針加針

＝ 2長針加針的交叉針

第3至9段的 ＝ 在前段長針與
短針的中間入針，
鉤織2針長針。

15 CLUTCH BAG／16 POCHETTE

PHOTO >> P.20,21

15　16

[材料]
- **線材** Hamanaka Eco Andaria（40g／球）

  15 金色（170）115g

  16 亮粉色（181）60g
- **鉤針** Hamanaka樂樂雙頭鉤針6/0號
- **其他** 接縫式磁釦

  古典（H206-049-3）1組

[密度] ①花樣編 18針15段＝10cm正方形

　　　 ②花樣編 18針8.5段＝10cm正方形

[尺寸] 參照織圖

[織法] 取1股線鉤織。

鎖針起針，以①花樣編開始鉤織蝴蝶結。蝴蝶結束帶同樣是鎖針起針，以短針鉤織。如圖示以共線穿過蝴蝶結中央，收緊後再以蝴蝶結束帶包裹，背面以捲針縫固定。鎖針起針，以短針鉤織側幅。鎖針起針，以②花樣編鉤織本體，接著沿四周鉤織一段緣編，在指定位置重疊側幅與蝴蝶結的合印記號，分別挑針鉤織。以共線接縫磁釦。作品**16**鉤織背帶，縫於側幅。

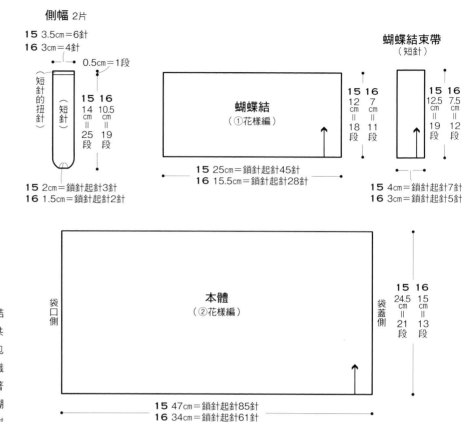

側幅 2片

15 3.5cm＝6針
16 3cm＝4針

0.5cm＝1段

（短針的扭針）　（短針）

15 14cm＝25段
16 10.5cm＝19段

15 2cm＝鎖針起針3針
16 1.5cm＝鎖針起針2針

蝴蝶結（①花樣編）

15 12cm＝18段
16 7cm＝11段

15 25cm＝鎖針起針45針
16 15.5cm＝鎖針起針28針

蝴蝶結束帶（短針）

15 12.5cm＝19段
16 7.5cm＝12段

15 4cm＝鎖針起針7針
16 3cm＝鎖針起針5針

本體（②花樣編）

袋口側

袋蓋側

15 24.5cm＝21段
16 15cm＝13段

15 47cm＝鎖針起針85針
16 34cm＝鎖針起針61針

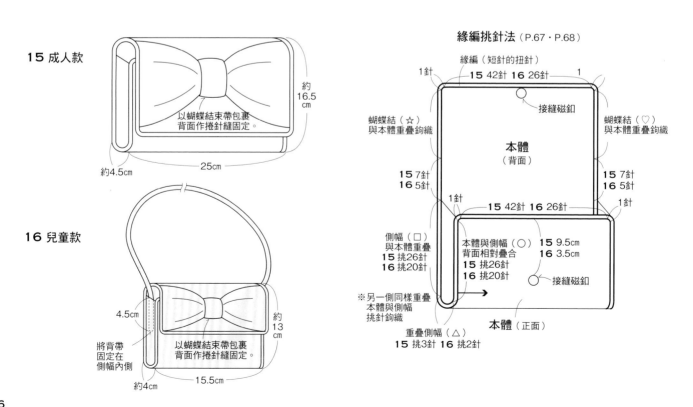

15 成人款

以蝴蝶結束帶包裹背面作捲針縫固定。

約16.5cm

25cm

約4.5cm

16 兒童款

將背帶固定在側幅內側

以蝴蝶結束帶包裹背面作捲針縫固定。

4.5cm

約13cm

約4cm

15.5cm

緣編挑針法（P.67・P.68）

緣編（短針的扭針）

15 42針 16 26針

1針　　　　　　　　　　　　　1

接縫磁釦

蝴蝶結（☆）與本體重疊鉤織

蝴蝶結（♡）與本體重疊鉤織

本體（背面）

15 7針 16 5針

15 7針 16 5針

1針

15 42針 16 26針

1針

側幅（□）與本體重疊
15 挑26針
16 挑20針

本體與側幅（○）背面相對疊合
15 挑26針
16 挑20針

15 9.5cm
16 3.5cm

接縫磁釦

本體（正面）

※另一側同樣重疊本體與側幅挑針鉤織

重疊側幅（△）
15 挑3針 16 挑2針

15 CLUTCH BAG

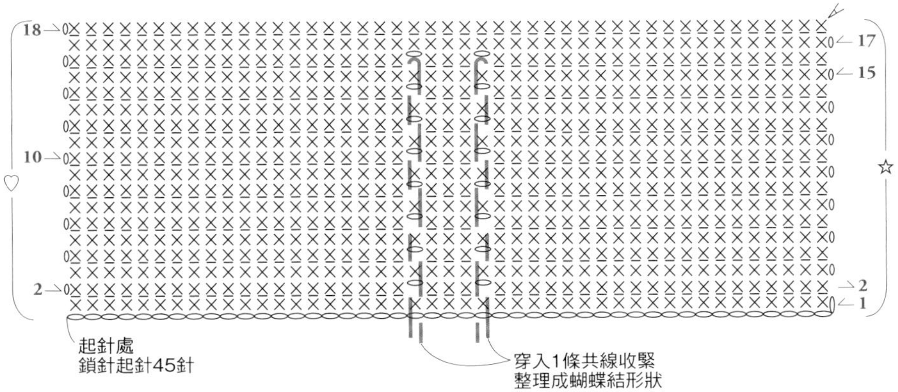

蝴蝶結束帶（短針）

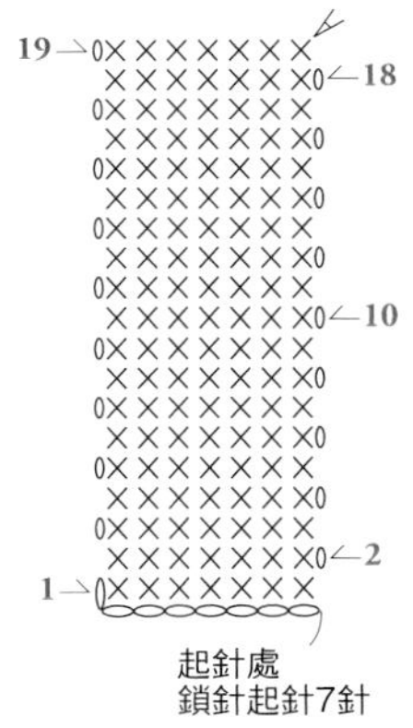

19→0×...0×...0×...18
0×...0×...10
0×...0×...2
1→0×...

起針處
鎖針起針7針

起針處
鎖針起針7針

蝴蝶結（①花樣編）

☆
17
15
18→
10→
2→
1

穿入1條共線收緊
整理成蝴蝶結形狀

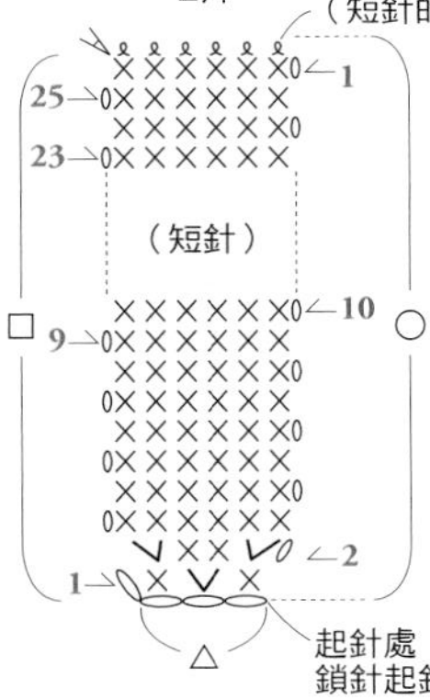

起針處
鎖針起針45針

V＝V 2短針加針

×̲ ＝短針的扭針

⊤ ＝挑前段的外側半針鈎織
⊥ ＝挑前段的內側半針鈎織

✂＝剪線

✕̲ ＝挑前段的內側半針鈎織

側幅（短針）
2片

（短針的扭針）
10→
1

起針處
鎖針起針13針

（短針）

25→
23→
9→
1

（短針的扭針）

□
△
○

裝蓋側
挑42針
21
19
17

2段
1組
花樣
4
3
2
1

重疊蝴蝶結（☆）挑針

只挑本體鈎織

重疊側幅（○）挑26針

重疊側幅（□）挑26針

本體（②花樣編）

重疊側幅（△）挑3針

重疊側幅（△）挑3針

重疊蝴蝶結（♡）挑針

只挑本體鈎織

重疊側幅（○）挑26針

重疊側幅（□）挑26針

起針處
鎖針起針85針

緣編
（短針的扭針）

20→
18→
6→
4→
2→
1

袋口側
挑42針

只挑本體鈎織

67

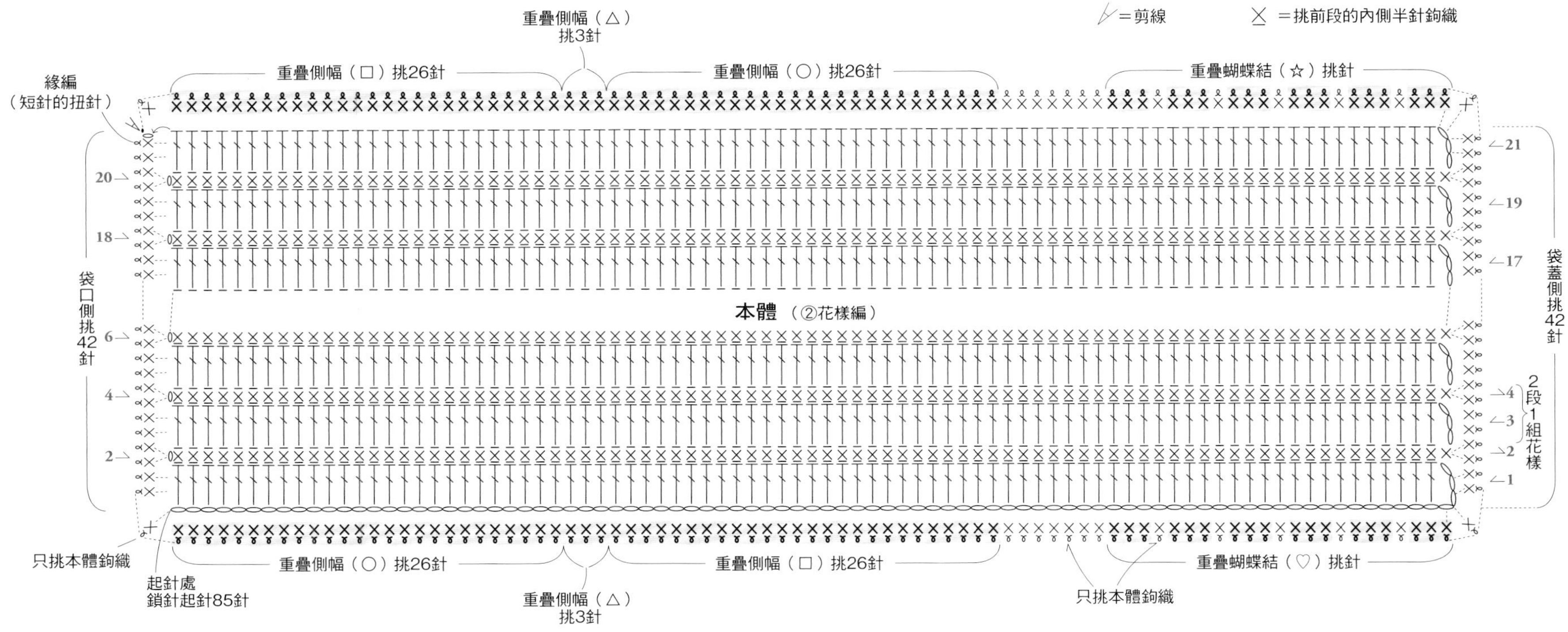

16 POCHETTE

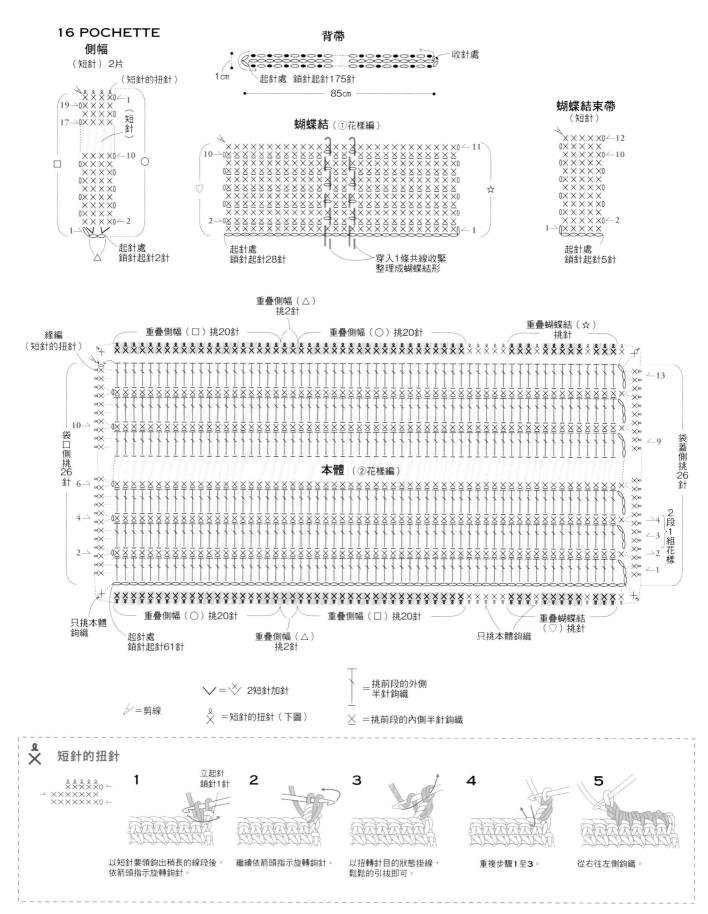

側幅
（短針）2片

（短針的扭針）

19
17 短針
10
□ ○
1
起針處
鎖針起針2針
△

背帶

收針處
1cm
起針處　鎖針起針175針
85cm

蝴蝶結（①花樣編）
10
11
2
1
起針處
鎖針起針28針
穿入1條共線收緊
整理成蝴蝶結形

蝴蝶結束帶
（短針）
12
10
2
1
起針處
鎖針起針5針

重疊側幅（△）
挑2針
重疊側幅（□）挑20針
重疊側幅（○）挑20針
重疊蝴蝶結（☆）
挑針

緣編
（短針的扭針）

袋口側挑26針

13
10
9
6
4
3
2
1

本體（②花樣編）

2段1組花樣

袋蓋側挑26針

只挑本體鉤織
起針處
鎖針起針61針
重疊側幅（○）挑20針
重疊側幅（△）
挑2針
重疊側幅（□）挑20針
只挑本體鉤織
重疊蝴蝶結
（♡）挑針

∨ = ∨ 2短針加針
／ = 剪線
𝔂 = 短針的扭針（下圖）

| = 挑前段的外側半針鉤織
✕ = 挑前段的內側半針鉤織

短針的扭針

1 立起針鎖針1針
以短針要領鉤出稍長的線段後，依箭頭指示旋轉鉤針。

2 繼續依箭頭指示旋轉鉤針。

3 以扭轉針目的狀態掛線，鬆鬆的引拔即可。

4 重複步驟1至3。

5 從右往左側鉤織。

24 BAG

PHOTO >> P.30,31

[材料]

・線材 A Hamanaka Eco Andaria（40g／球）
　　　　復古綠（68）105g　青苔綠（61）80g　亮棕（15）、皇家紫（55）各70g
　　　　B Hamanaka Eco Andaria（40g／球）
　　　　淺駝（23）75g　藍綠（63）、皇家紫（55）、復古綠（68）、皇家粉（54）各10g
　　　　C Hamanaka Eco Andaria（40g／球）　復古藍（66）160g
　　　　Hamanaka Eco Andaria《Colorful》（40g／球）　紅綠色系的段染（226）160g

・鉤針 AC Hamanaka樂樂雙頭鉤針9/0號
　　　　B Hamanaka樂樂雙頭鉤針6/0號

[密度] 短針・表引短針
　　　 AC 13針13段＝10cm正方形　B 20針20段＝10cm正方形

[尺寸] 參照織圖

[織法] A取同色2股、B取1股線，依指定配色鉤織。
　　　 C各取Eco Andaria和Eco Andaria《Colorful》各1條混線鉤織。
　　　 繞線作輪狀起針，鉤入6針短針，從第2段開始依織圖加針鉤織。
　　　 接續以短針和表引短針不加減針鉤織袋身。
　　　 提把則是鎖針起針7針，以短針進行往復編，
　　　 如圖示對摺以捲針縫縫合後，接縫於袋身。

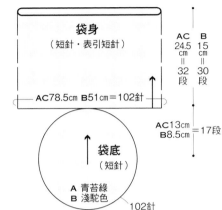

袋身
（短針・表引短針）

AC 24.5cm＝32段　B 15cm＝30段

AC78.5cm B51cm＝102針

AC13cm B8.5cm＝17段

袋底
（短針）

A 青苔綠
B 淺駝色

102針

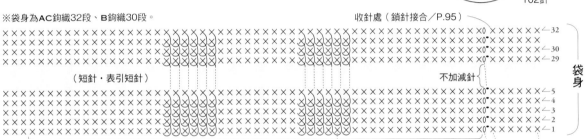

※袋身為AC鉤織32段、B鉤織30段。

收針處（鎖針接合／P.95）

（短針・表引短針）

不加減針

重複2次

袋身

袋底・袋身的針數和加針方法、配色

	段	針數	加針方法	配色	
				A	B
袋身	31・32		不加減針	復古綠	淺駝色
	25～30				
	23・24				皇家粉
	22				淺駝色
	21			皇家紫	復古綠
	18～20	102針			淺駝色
	17				藍綠
	14～16				淺駝色
	13				皇家紫
	10～12			亮棕	
	3～9				淺駝色
	1・2			青苔綠	
袋底	17	102針	每段加6針	復古綠	淺駝色
	16	96針			
	15	90針			
	14	84針			
	13	78針			
	12	72針			
	11	66針			
	10	60針			
	9	54針			
	8	48針			
	7	42針			
	6	36針			
	5	30針			
	4	24針			
	3	18針			
	2	12針			
	1	鉤入6針			

∨＝ 2短針加針

／＝剪線

重複6次

輪

袋底（短針）
102針

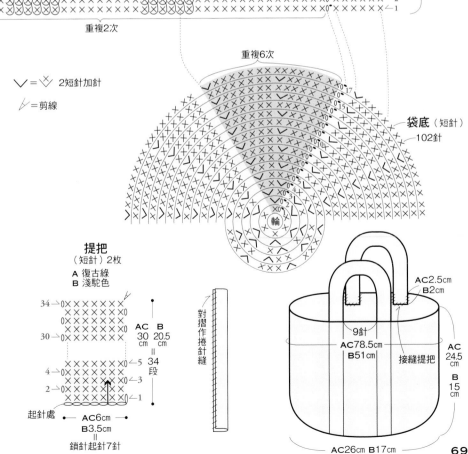

提把
（短針）2枚
A 復古綠
B 淺駝色

34→
30→
4→　←5
2→　←3
←1
起針處

AC 30cm B 20.5cm＝34段

AC6cm B3.5cm＝鎖針起針7針

對摺作捲針縫

AC2.5cm B2cm

9針

AC78.5cm B51cm

接縫提把

AC24.5cm

B15cm

AC26cm B17cm

18 CLUTCH BAG

PHOTO >> P.23

[材料]

- **線材** Hamanaka Eco Andaria（40g／球）
  黑（30）、皇家粉（54）各40g
  復古綠（68）、復古黃（69）各20g
- **鉤針** Hamanaka樂樂雙頭鉤針6/0號
- **其他** Hamanaka 圓形磁釦（14mm）古典（H206-043-3）1組

[密度] 花樣編　18.5針＝10cm、8段＝約6.5cm

[尺寸] 參照織圖

[織法] 取1股線，以指定配色鉤織。
鎖針起針，以花樣編分別鉤織袋蓋＆後片、前片。鎖針起針103針，以長針鉤織側幅。鎖針起針，分別以花樣編和短針鉤織裝飾釦帶A・B。疊合側幅與前片、後片的合印記號，以短針併縫，並繼續沿後片鉤織一圈短針收整邊緣。將裝飾釦帶A・B接縫於指定位置，最後接縫磁釦即完成。

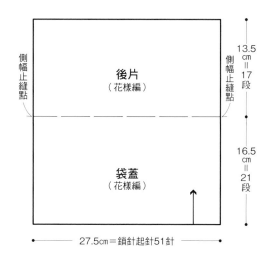

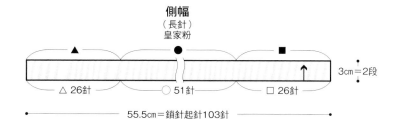

側幅
（長針）
皇家粉

△ 26針　　○ 51針　　□ 26針
55.5cm＝鎖針起針103針
3cm＝2段

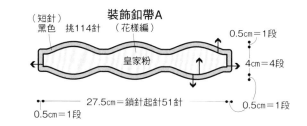

裝飾釦帶A
（花樣編）
（短針）黑色　挑114針
皇家粉
27.5cm＝鎖針起針51針
0.5cm＝1段　4cm＝4段　0.5cm＝1段　0.5cm＝1段

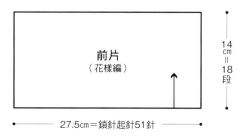

前片
（花樣編）
27.5cm＝鎖針起針51針
14cm＝18段

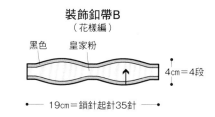

裝飾釦帶B
（花樣編）
黑色　皇家粉
19cm＝鎖針起針35針
4cm＝4段

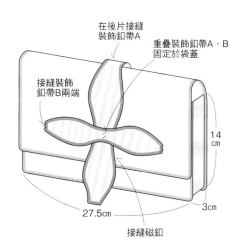

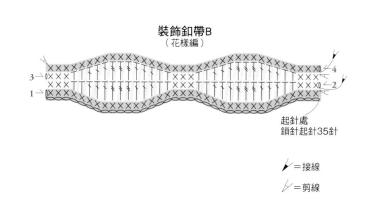

裝飾釦帶B
（花樣編）
3→　1→
4　2
起針處
鎖針起針35針

＝接線
＝剪線

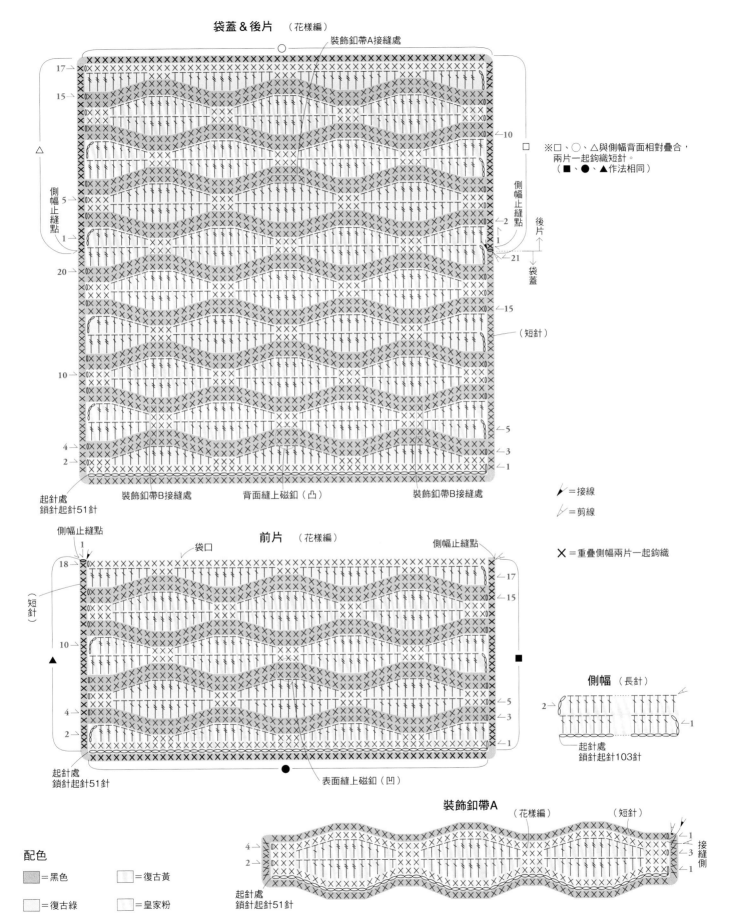

袋蓋＆後片 （花樣編）

装飾釦帶A接縫處

装飾釦帶B接縫處　　　背面縫上磁釦（凸）　　　装飾釦帶B接縫處

側幅止縫點

起針處
鎖針起針51針

※□、○、△與側幅背面相對疊合，
　兩片一起鉤織短針。
　（■、●、▲作法相同）

（短針）

後片

袋蓋

↗ ＝接線
↗ ＝剪線

✕ ＝重疊側幅兩片一起鉤織

前片 （花樣編）

側幅止縫點　　　　　袋口　　　　　側幅止縫點

短針

起針處
鎖針起針51針　　　表面縫上磁釦（凹）

側幅 （長針）

起針處
鎖針起針103針

配色

▨＝黑色　　　　□＝復古黃

□＝復古綠　　　□＝皇家粉

装飾釦帶A （花樣編）　　（短針）

接縫側

起針處
鎖針起針51針

19 CASQUETTE

PHOTO >> P.24,25

[材料]

・線材 A [成人款] Hamanaka Eco Andaria（40g／球）　卡其色（59）75g
　　　 B [兒童款] Hamanaka Eco Andaria（40g／球）　淺駝色（23）60g
・鉤針 Hamanaka樂樂雙頭鉤針7/0號
・其他 直徑2cm鈕釦2個
[密度] 花樣編　21.5針10.5段＝10cm正方形
　　　 短針　19針＝10cm、5段＝2.5cm
[尺寸] A [成人款] 頭圍58.5cm　高20cm
　　　 B [兒童款] 頭圍52.5cm　高17.5cm
[織法] 取1股線鉤織。

鎖針起針4針頭尾連接成圈，以中長針和鎖針鉤織18針。第2段開始依織圖加針以輪編的往復編進行花樣編，接續鉤織短針後剪線。在指定位置接線，以短針鉤織帽簷，再從帽簷旁往後鉤1段緣編。後方中央摺疊縫合，完成線繩（繩編）後連同鈕釦一起縫合固定。

B兒童款

▶＝接線

╱＝剪線

∨＝◟ 2短針加針

∧＝◠ 2短針併針

帽冠針數與加針・減針法

段	針數	加針・減針
2	100針	不加減針
1	100針	減17針
11～17	117針	不加減針
10	117針	加3針
9	114針	每段加12針
8	102針	
7	90針	加6針
6	84針	加12針
5	72針	加6針
4	66針	每段加18針
3	48針	
2	30針	加12針
1	鉤入18針	

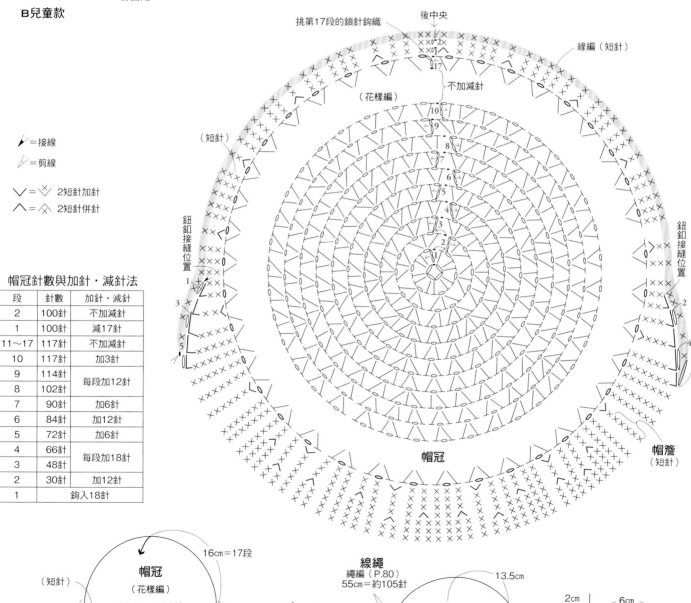

挑第17段的鎖針鉤織　　後中央　　緣編（短針）

不加減針

（花樣編）

（短針）

鈕釦接縫位置　　　　鈕釦接縫位置

帽冠　　帽簷（短針）

16cm＝17段

帽冠
（花樣編）
52.5cm＝100針
2.5cm＝5段　　　1cm＝2段
　　　　　　　　0.5cm＝1段
（短針）
挑50針　　緣編（短針）
帽簷（短針）

線繩
繩編（P.80）
55cm＝約105針
對摺處與鈕釦一起縫合固定

13.5cm

17.5cm

後中央

2cm　6cm

後中央內摺
如圖示縫合固定

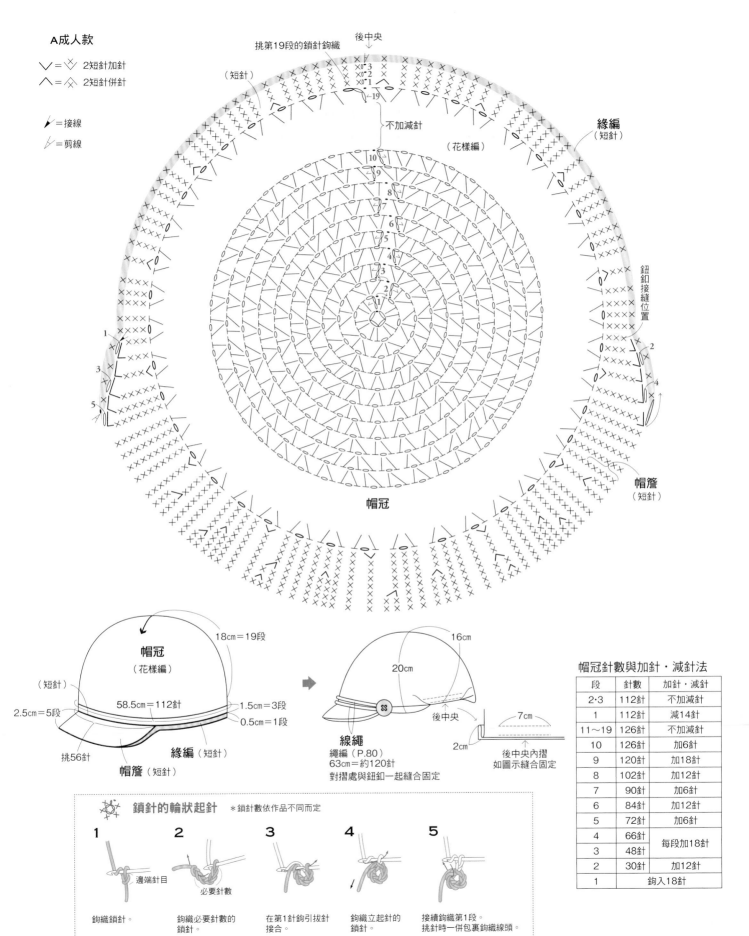

A成人款

∨ = 2短針加針
∧ = 2短針併針

↗ = 接線
↗ = 剪線

挑第19段的鎖針鉤織
後中央
（短針）
不加減針
（花樣編）
緣編（短針）
鈕釦接縫位置
帽冠
帽簷（短針）

帽冠（花樣編）
18cm＝19段
（短針）
58.5cm＝112針
2.5cm＝5段
1.5cm＝3段
0.5cm＝1段
挑56針
緣編（短針）
帽簷（短針）

16cm
20cm
後中央
7cm
2cm
後中央內摺 如圖示縫合固定

線繩
繩編（P.80）
63cm＝約120針
對摺處與鈕釦一起縫合固定

鎖針的輪狀起針 ＊鎖針數依作品不同而定

1 鉤織鎖針。 邊端針目
2 鉤織必要針數的鎖針。 必要針數
3 在第1針鉤引拔針接合。
4 鉤織立起針的鎖針。
5 接續鉤織第1段。挑針時一併包裹鉤織線頭。

帽冠針數與加針·減針法

段	針數	加針·減針
2·3	112針	不加減針
1	112針	減14針
11～19	126針	不加減針
10	126針	加6針
9	120針	加18針
8	102針	加12針
7	90針	加6針
6	84針	加12針
5	72針	加6針
4	66針	每段加18針
3	48針	
2	30針	加12針
1	鉤入18針	

[材料]
- 線材 Hamanaka Eco Andaria（40g／球）
  銀色（174）225g
  Hamanaka Eco Andaria《Crochet》
  （30g／球） 黑色（807）60g
- 鉤針 Hamanaka樂樂雙頭鉤針5/0號

[密度] 短針 18段＝9cm
花樣編A 5組花樣＝10.5cm、
4組花樣（16段）＝約9cm

[尺寸] 參照織圖

[織法] 取1股線，依指定配色鉤織。
繞線作輪狀起針，鉤入8針短針開始鉤織袋底。從第2段開始依織圖加針，完成袋底後銀色線暫休針（①）。在指定位置接黑色線（②），以花樣編A鉤織袋身第1段後暫休針。以①休針的織線鉤第2段。依相同要領每鉤一段就換線，不加減針鉤織3至49段。在指定位置接線（⑥），以往復編的花樣編B鉤出提把底座。另一側作法相同。在指定位置接線（⑧）鉤織袋口&提把，依織圖進行輪編短針的加減針，鉤織10段。將袋口&提把往外對摺，鉤引拔針固定（⑩）。

※袋身詳細織法請見P.76

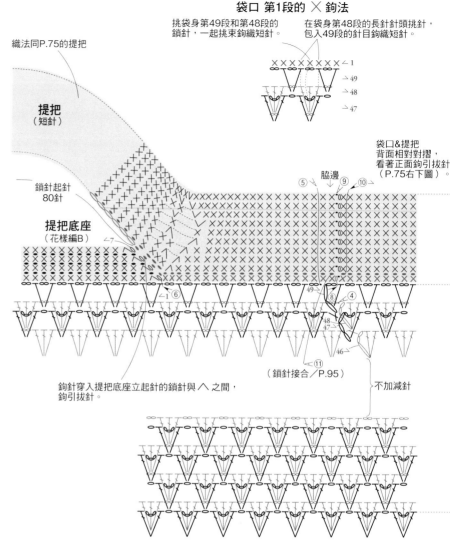

袋口 第1段的 ╳ 鉤法

挑袋身第49段和第48段的鎖針，一起挑束鉤織短針。

在袋身第48段的長針針頭挑針，包入49段的針目鉤織短針。

織法同P.75的提把

提把（短針）

鎖針起針80針

提把底座（花樣編B）

袋口&提把背面相對對摺，看著正面鉤引拔針（P.75右下圖）。

脇邊

鉤針穿入提把底座立起針的鎖針與 ∧ 之間，鉤引拔針。

（鎖針接合／P.95）

不加減針

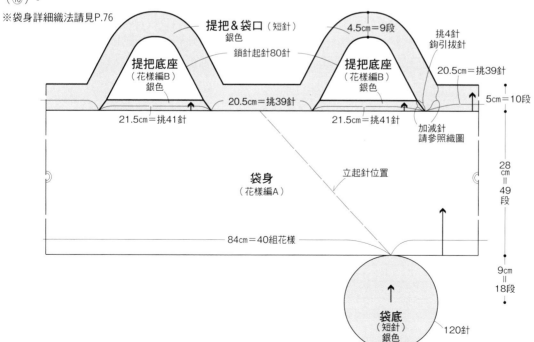

提把&袋口（短針）銀色

鎖針起針80針

4.5cm＝9段

提把底座（花樣編B）銀色

提把底座（花樣編B）銀色

挑4針鉤引拔針

20.5cm＝挑39針

20.5cm＝挑39針

21.5cm＝挑41針

21.5cm＝挑41針

加減針請參照織圖

5cm＝10段

袋身（花樣編A）

立起針位置

28cm＝49段

84cm＝40組花樣

9cm＝18段

袋底（短針）銀色

120針

袋底針數與加針方法

段	針數	加針方法
18	120針	加8針
17	112針	不加減針
16	112針	每段加8針
15	104針	
14	96針	
13	88針	
12	80針	不加減針
11	80針	每段加8針
10	72針	
9	64針	
8	56針	
7	48針	不加減針
6	48針	每段加8針
5	40針	
4	32針	
3	24針	
2	16針	
1	鉤入8針	

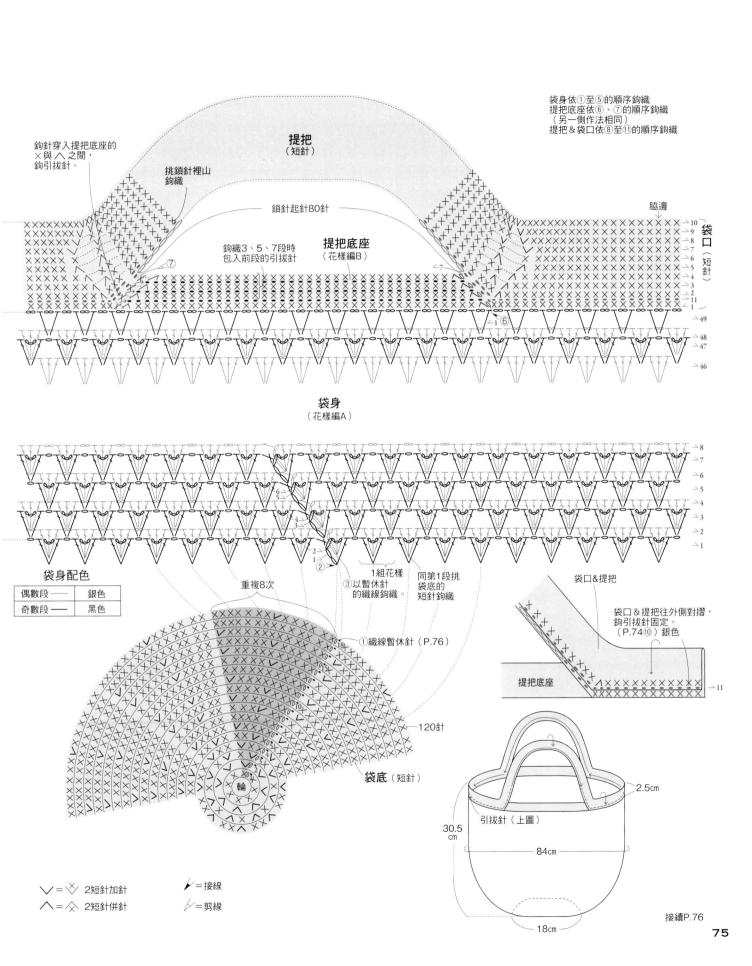

袋身依①至⑤的順序鉤織
提把底座依⑥、⑦的順序鉤織
（另一側作法相同）
提把＆袋口依⑧至⑪的順序鉤織

鉤針穿入提把底座的
╳與╱╲之間，
鉤引拔針。

挑鎖針裡山
鉤織

提把
（短針）

鎖針起針80針

鉤織3、5、7段時
包入前段的引拔針

提把底座
（花樣編B）

脇邊

袋口
（短針）

→10
→9
→8
→7
→6
→5
→4
→3
→2
→1
→49
→48
→47
→46

袋身
（花樣編A）

→8
→7
→6
→5
→4
→3
→2
→1

袋身配色

偶數段 ——	銀色
奇數段 ——	黑色

重複8次

①織線暫休針（P.76）

1組花樣
③以暫休針
的織線鉤織

同第1段挑
袋底的
短針鉤織

②

袋口＆提把

袋口＆提把往外側對摺，
鉤引拔針固定。
（P.74⑩）銀色

提把底座

→11

120針

袋底（短針）

輪

引拔針（上圖）

2.5cm

30.5
cm

84cm

18cm

╲╱ = ╲ⅹ╱ 2短針加針

╱╲ = ⌒ⅹ⌒ 2短針併針

╱ = 接線

╱ = 剪線

接續P.76

20 BAG的織法
*為了讓針目更清晰易懂，原黑色線改以藍色線示範解說。

花樣編A的鉤法

［袋身第I段］

1
看著袋底背面鉤織袋身。銀色線的引拔針置於外側暫休（可用段數環標記），織線則放在內側。第I段是接新的黑色線（圖為藍色）開始鉤織。

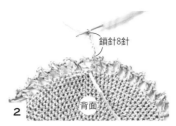

2
依織圖完成一段後，鉤第3段的鎖針6針（立起針3針＋3針），織線休針。

［第2段］

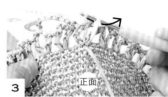

3
第2段，將織片翻至正面，步驟**1**休針的銀色線包入第一段的針目，鉤I針鎖針。

4
接著鉤2針鎖針。

5
織片再次翻至背面，鉤針挑針的針目與第I段相同，包入前段鉤織長針。

6
完成I針長針的模樣。在同一針目再鉤I針長針。

7
鉤2針鎖針，鉤針穿入與第I段相同的針目，包入前段鉤織3針長針。

8
重複步驟**7**鉤織一段。第2段終點鉤中長針，這時將休針的黑色線放在織片外側。

［第3段］

9
第3段。銀色針目置於內側，織線放在外側暫休針。以黑色挑第I段和第2段（短針和中長針），一起挑束鉤織長針。

10
鉤I針鎖針，接著挑第I段和第2段的鎖束鉤織長針。

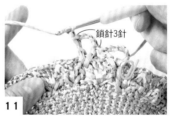

11
鉤3針鎖針，再鉤I針長針。重複步驟**10**、**11**完成一段。

12
完成第3段，同步驟**2**鉤6針鎖針後暫休針。

［第4段］

13
換線後鉤立起針的鎖針3針（第I針包入前段的針目），挑第2段和第3段的鎖束鉤織長針。

14
總共鉤3針。鉤2針鎖針後，同樣挑第2段和第3段的鎖針束，鉤3針長針。

15
3針完成的模樣。重複步驟**14**、**15**鉤織I段。

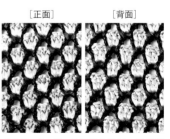

［正面］　［背面］

重複第3段、第4段鉤織花樣編。除了織片正面呈現的是長針背面以外，正反兩面幾乎沒有差異。

29 BAG

PHOTO >> P.37

 A B

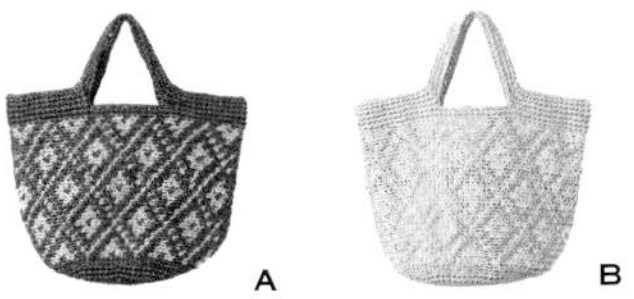

[材料]

・線材　Hamanaka Eco Andaria（40g／球）
　　　A藍色（72）180g　淡灰色（148）70g
　　　B稻草色（42）180g　黃色（11）70g

・鉤針　Hamanaka樂樂雙頭鉤針
　　　9/0號、8/0號

[密度]　短針（8/0號）
　　　12.5針13.5段＝10cm正方形
　　　短針筋編的織入圖案
　　　12.5針10段＝10cm正方形

[尺寸]　參照織圖

[織法]　取2條同色線，除織入圖案以外，A使用
藍色、B使用稻草色鉤織。
繞線作輪狀起針，以8/0號鉤針開始鉤織袋底，依
織圖鉤織短針的加針。改換9/0號鉤針，不加減針
鉤織袋身的短針筋編的織入圖案。最後以短針鉤
織袋口和提把即完成。

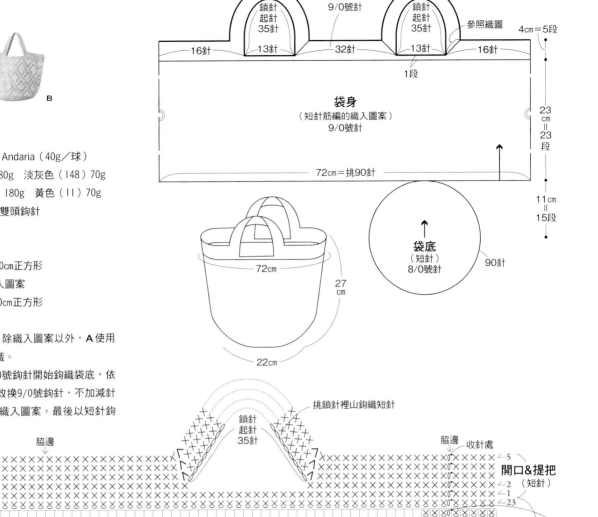

開口&提把
（短針）
9/0號針

鎖針
起針
35針

鎖針
起針
35針

參照織圖

4cm＝5段

16針　13針　32針　13針　16針

1段

袋身
（短針筋編的織入圖案）
9/0號針

72cm＝挑90針

23cm＝23段

11cm＝15段

袋底
（短針）
8/0號針

90針

72cm

27cm

22cm

※鉤織袋身2至22段時，
　將休針的織線包入鉤織。

袋底針數與加針方法

段	針數	加針方法
15	90針	
14	84針	
13	78針	
12	72針	
11	66針	
10	60針	
9	54針	每段加6針
8	48針	
7	42針	
6	36針	
5	30針	
4	24針	
3	18針	
2	12針	
1	鉤入6針	

脇邊　鎖針起針35針　挑鎖針裡山鉤織短針　脇邊　收針處

開口&提把
（短針）

A淺灰色
B黃色

袋身
（短針筋編的織入圖案）

A淺灰
B黃色

重複2次　重複6次

▽＝�м 2短針加針
⋀＝⋀ 2短針併針
⤹＝接線　⤸＝剪線

袋身配色

	A	B
□＝☒	淺灰	黃色
□＝☒	藍色	稻草色

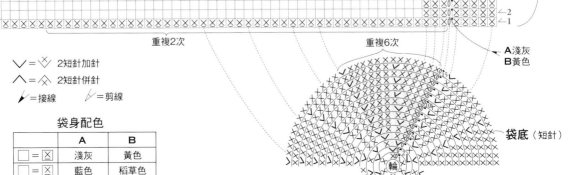

袋底（短針）

輪

21CLOCHE

A

B　C　D

[材料]

- **線材**　Hamanaka Eco Andaria《Crochet》（30g／球）70g
  - **A** 靛藍色（810）　**B** 淺駝色（803）　**C** 復古綠（809）　**D** 丁香紫（808）
- **鉤針**　Hamanaka樂樂雙頭鉤針3/0號
- [密度]　①花樣編　23.5針16段＝10cm正方形
- [尺寸]　頭圍58.5cm　高18cm
- [織法]　帽冠和帽簷取1股線，繩子取2股線鉤織。

繞線作輪狀起針，依織圖加針以①花樣編鉤織帽冠。接續以①、②花樣編加針，鉤織帽簷。鉤織線繩，穿過帽冠第29段，在後中央打蝴蝶結。

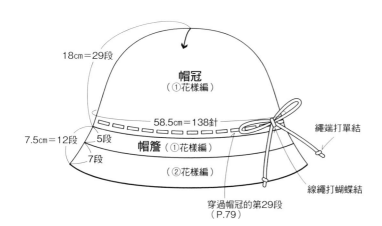

18cm＝29段

帽冠
（①花樣編）

58.5cm＝138針

繩端打單結

7.5cm＝12段　5段

帽簷（①花樣編）

7段

（②花樣編）

線繩打蝴蝶結

穿過帽冠的第29段
（P.79）

線繩 1條

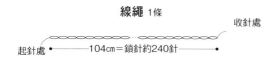

收針處

起針處　104cm＝鎖針約240針

針數與加針方法

	段	針數	加針方法
帽簷	10〜12	260針（52組花樣）	不加減針
	9	260針（52組花樣）	加4組花樣
	8	240針（48組花樣）	不加減針
	7	240針（48組花樣）	參照織圖
	6	220針	加44針
	5	176針	加16針
	4	160針	不加減針
	3	160針	加16針
	2	144針	不加減針
	1	144針	加6針
帽冠	23〜29	138針	不加減針
	22	138針	加6針
	21	132針	不加減針
	20	132針	加6針
	19	126針	不加減針
	18	126針	加6針
	17	120針	不加減針
	16	120針	加6針
	15	114針	不加減針
	14	114針	加6針
	11〜13	108針	不加減針
	10	108針	加36針
	7〜9	72針	不加減針
	6	72針	加24針
	5	48針	不加減針
	4	48針	加16針
	3	32針	不加減針
	2	32針	加16針
	1	鉤入16針	

※帽冠和帽簷的①花樣編，
奇數段的立起針不計入針數。

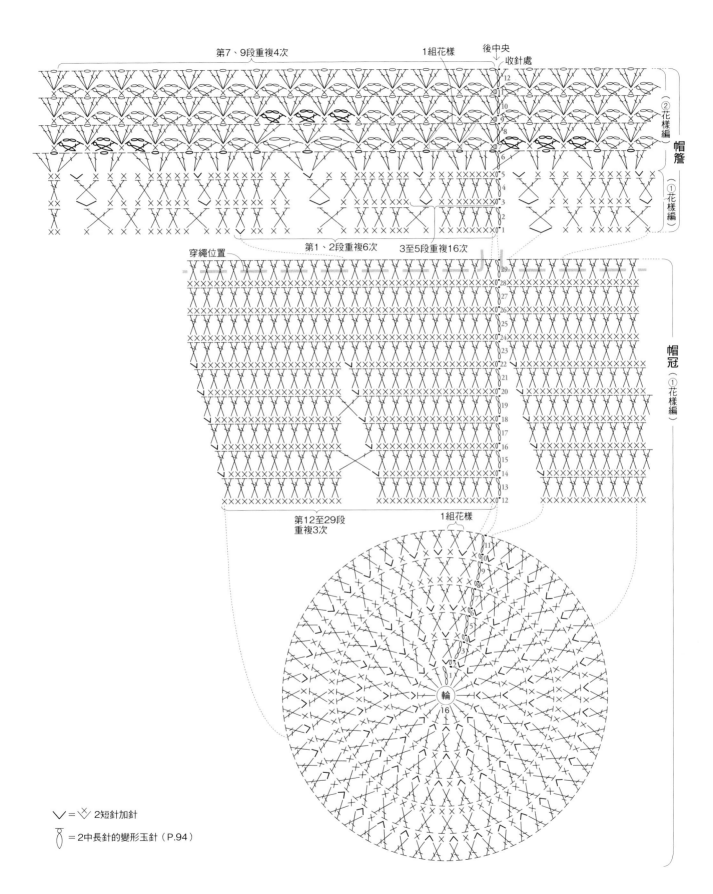

第7、9段重複4次　　　　　　1組花樣　　後中央
　　　　　　　　　　　　　　　　　　　收針處

穿繩位置

第1、2段重複6次　　3至5段重複16次

第12至29段
重複3次

1組花樣

帽簷
②花樣編
①花樣編

帽冠（①花樣編）

輪

∨ = ∨ 2短針加針

☖ = 2中長針的變形玉針（P.94）

22 BAG

PHOTO >> P.28

[材料]

- **線材** Hamanaka Eco Andaria（40g／球）
  藍綠色（63）115g 淺駝色（23）65g
- **鉤針** Hamanaka樂樂雙頭鉤針7/0號

[密度] 花樣編 17針＝10cm、2段（1組花樣）＝約2cm

[尺寸] 參照織圖

[織法] 取1股線，依指定配色鉤織。

鎖針起針13針開始鉤織袋底，依織圖進行輪編的短針加針。接著以花樣編鉤織袋身，再以輪編的短針鉤織袋口，並且留出穿繩孔。鉤織抽繩釦與抽繩（繩編），抽繩依圖示穿入穿繩孔與抽繩釦。背帶是鉤鎖針起針85針，依織圖鉤織短針，接縫於指定位置即完成。

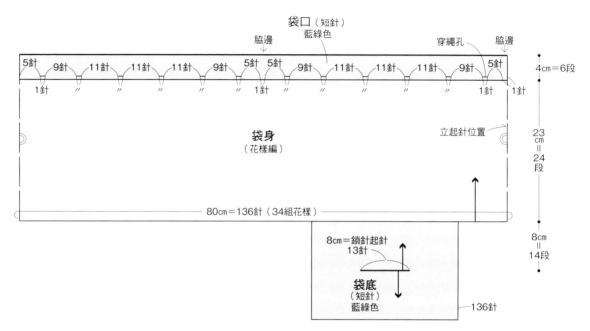

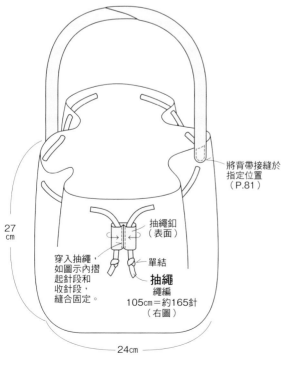

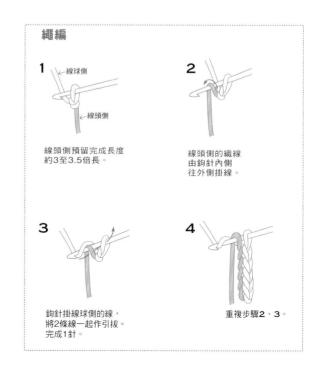

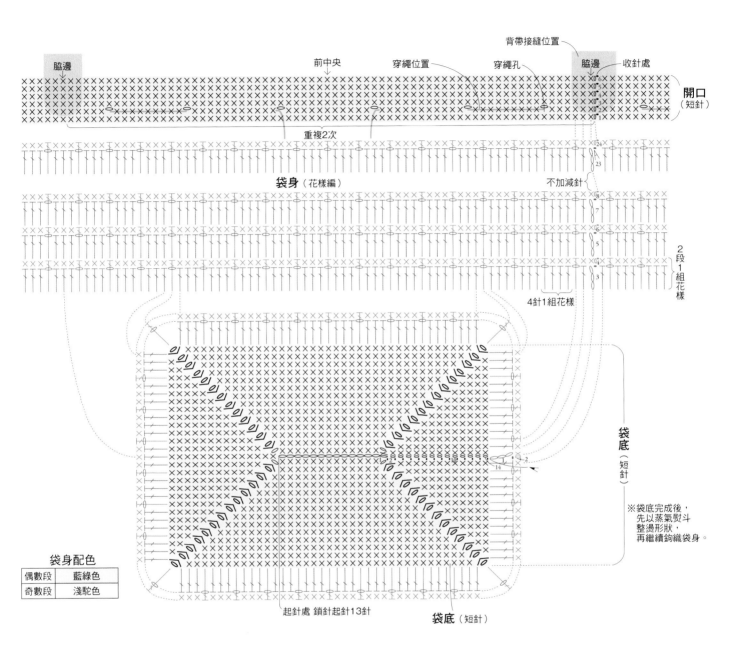

開口（短針）

重複2次

袋身（花樣編）

不加減針

2段1組花樣

4針1組花樣

袋身配色

偶數段	藍綠色
奇數段	淺駝色

袋底（短針）

※袋底完成後，
先以蒸氣熨斗
整燙形狀，
再繼續鉤織袋身。

起針處 鎖針起針13針

袋底（短針）

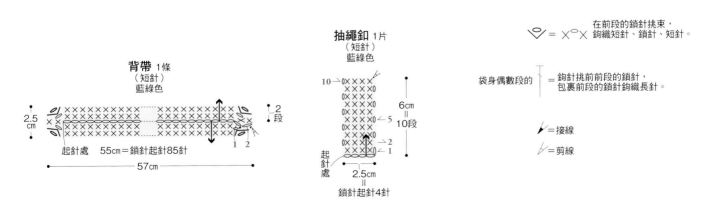

背帶 1條
（短針）
藍綠色

2.5cm

2段

起針處　55cm＝鎖針起針85針

57cm

1 2

抽繩釦 1片
（短針）
藍綠色

6cm
＝
10段

起針處
2.5cm
＝
鎖針起針4針

∀ = ×°× ＝在前段的鎖針挑束，
鉤織短針、鎖針、短針。

袋身偶數段的 ＝鉤針挑前前段的鎖針，
包裹前段的鎖針鉤織長針。

＝接線

＝剪線

23 HAT

PHOTO >> P.29

[材料]
・**線材** Hamanaka Eco Andaria（40g／球） 棕色（159）120g
・**鉤針** Hamanaka樂樂雙頭鉤針5/0號
・**其他** 寬2cm羅紋緞帶 靛藍色86cm
[密度] 短針 18針18.5段＝10cm正方形
[尺寸] 頭圍57.5cm 高18cm
[織法] 取1股線鉤織。

繞線作輪狀起針，鉤入7針短針。從第2段開始依織圖加針，以短針鉤織帽冠。接續鉤織帽簷，鉤2段後暫休針，在指定位置接線，只在前側鉤織4段短針的往復編。以休針的線繼續鉤織3至7段（前側7至11段），最後鉤2段緣編。緞帶剪成指定長度，依圖示組合，置於帽冠並接縫數處固定。

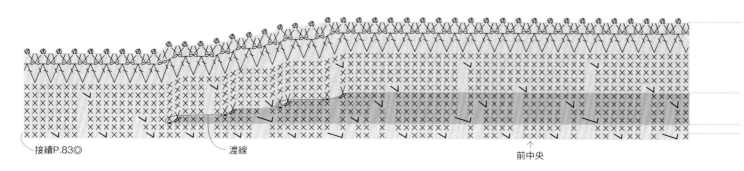

接續P.83◎　　　　渡線　　　　　　　　　　　　　　　　　　　　前中央

緞帶

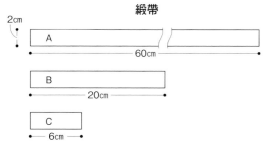

2cm

A
60cm

B
20cm

C
6cm

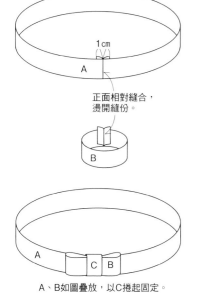

1cm

A

正面相對縫合，
燙開縫份。

B

A C B

A、B如圖疊放，以C捲起固定。

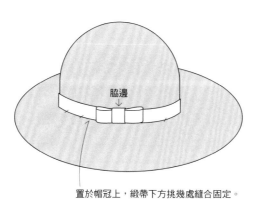

脇邊

置於帽冠上，緞帶下方挑幾處縫合固定。

帽冠針數與加針方法

段	針數	加針方法
24～33	104針	不加減針
23	104針	加8針
19～22	96針	不加減針
18	96針	加8針
15～17	88針	不加減針
14	88針	加8針
12・13	80針	不加減針
11	80針	
10	72針	每段加8針
9	64針	
8	56針	
7	49針	
6	42針	
5	35針	每段7針
4	28針	
3	21針	
2	14針	
1	鉤入7針	

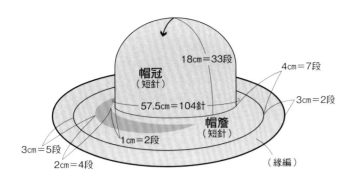

帽冠
（短針）

18cm＝33段

4cm＝7段

3cm＝2段

57.5cm＝104針

帽簷
（短針）

3cm＝5段

1cm＝2段

2cm＝4段

（緣編）

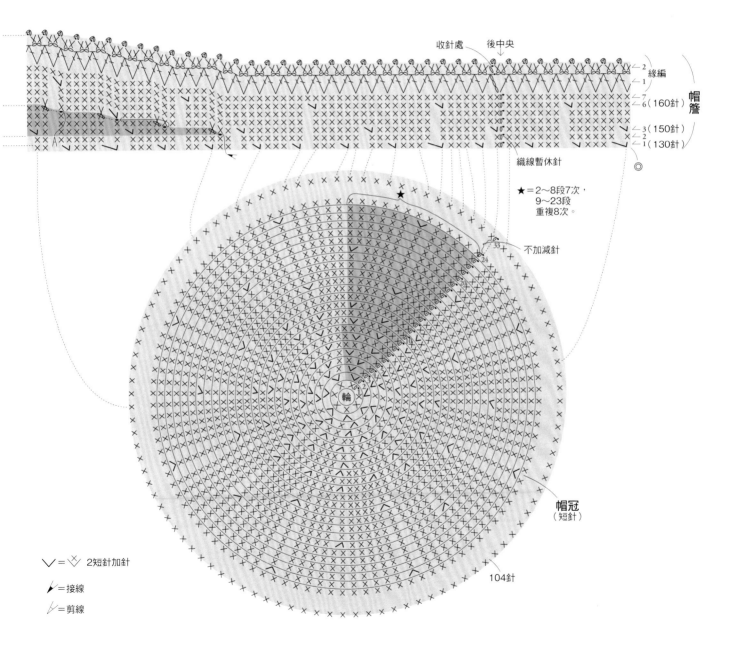

收針處　　後中央

2　緣編
1

7
6（160針）　帽簷

3（150針）
2
1（130針）

織線暫休針

◎

★＝2～8段7次，
9～23段
重複8次。

不加減針

輪

帽冠
（短針）

104針

∨＝ 2短針加針

↗＝接線

↗＝剪線

25 BAG

PHOTO >> P.32

A

B

[材料]

・線材　**A** Hamanaka Eco Andaria《Crochet》（30g／球）　淺駝色（803）50g
　　　　　Hamanaka Flax C（25g／球）　藍色（111）50g

　　　　B Hamanaka Eco Andaria《Crochet》（30g／球）　淺駝色（803）50g
　　　　　Hamanaka Flax C（25g／球）　芥末黃（105）50g

・鉤針　Hamanaka樂樂雙頭鉤針7/0號

[密度]　長針 1段＝1.4cm

　　　　①花樣編　1組花樣＝5.5cm、2組花樣（8段）＝8.5cm

[尺寸]　參照織圖

[織法]　Eco Andaria《Crochet》和Flax C各取1條，混線鉤織。

繞線作輪狀起針開始鉤織袋底，立起針3針鎖針，再鉤入15針長針。第2段開始依織圖加針，鉤織到第6段。接著以①花樣編鉤織袋身與袋口，再以②花樣編鉤織提把。分別在3處指定位置接線，以相同方式鉤織袋口與提把。提把兩兩相對，以捲針縫接合。

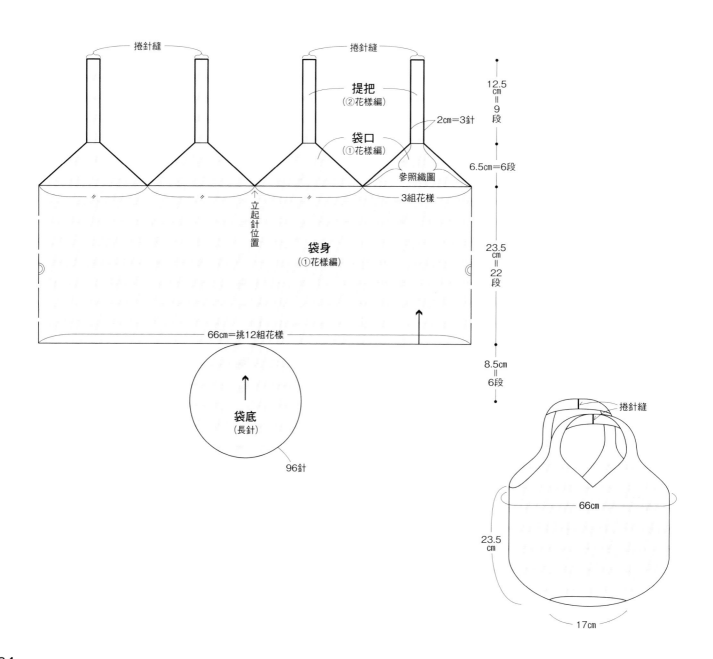

捲針縫

捲針縫

提把
（②花樣編）

袋口
（①花樣編）

2cm＝3針

參照織圖

3組花樣

立起針位置

袋身
（①花樣編）

66cm＝挑12組花樣

袋底
（長針）

96針

12.5cm＝9段

6.5cm＝6段

23.5cm＝22段

8.5cm＝6段

捲針縫

66cm

23.5cm

17cm

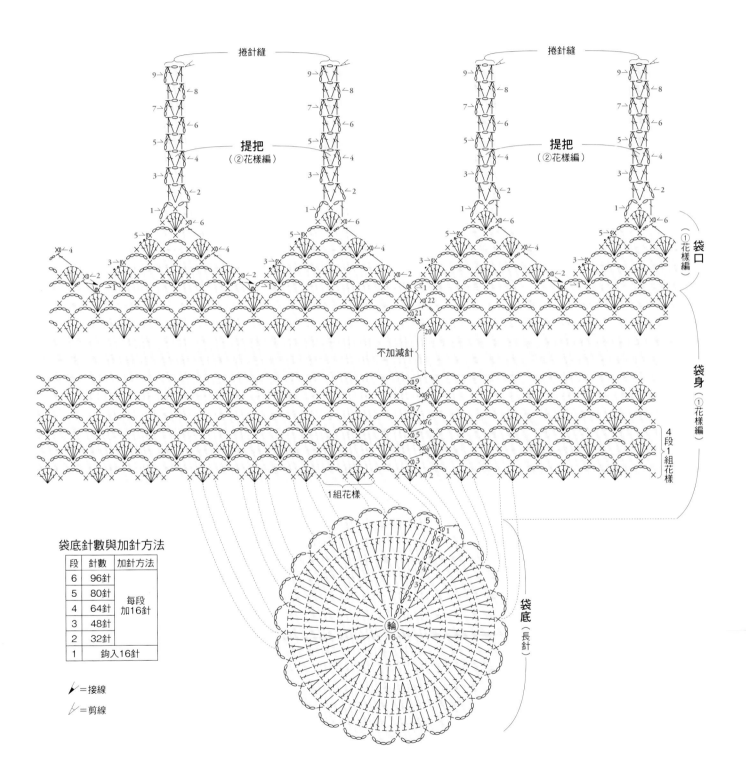

捲針縫

捲針縫

提把
（②花樣編）

提把
（②花樣編）

袋口
（①花樣編）

袋身
（①花樣編）

4段1組花樣

1組花樣

不加減針

袋底針數與加針方法

段	針數	加針方法
6	96針	每段加16針
5	80針	
4	64針	
3	48針	
2	32針	
1	鉤入16針	

✓＝接線

✓＝剪線

輪
16

袋底
（長針）

26 BAG

PHOTO >> P.33

[材料]

· **線材** Hamanaka Eco Andaria（40g／球） 綠色（17）170g
· **鉤針** Hamanaka樂樂雙頭鉤針5/0號

[密度] 短針 15針＝10cm、8段＝5cm

花樣編 2組花樣＝9.5cm、2組花樣（8段）＝8.5cm

[尺寸] 參照織圖

[織法] 取1股線鉤織。

鎖針起針32針，依織圖一邊加針一邊以短針鉤織袋底。接著改以花樣編鉤織袋身，第9段在兩脇邊各加1組花樣。提把為鎖針起針70針，以畝針鉤織2條。將提把穿入袋身花樣的開口，兩端摺疊後以藏針縫縫合。

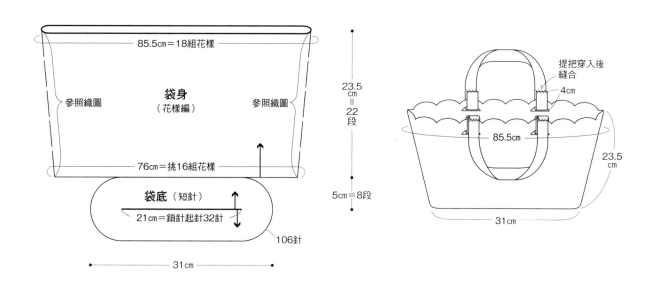

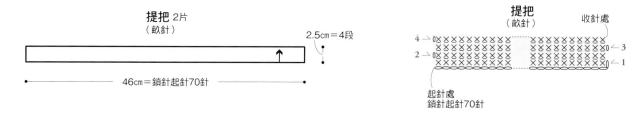

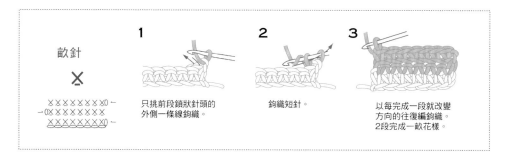

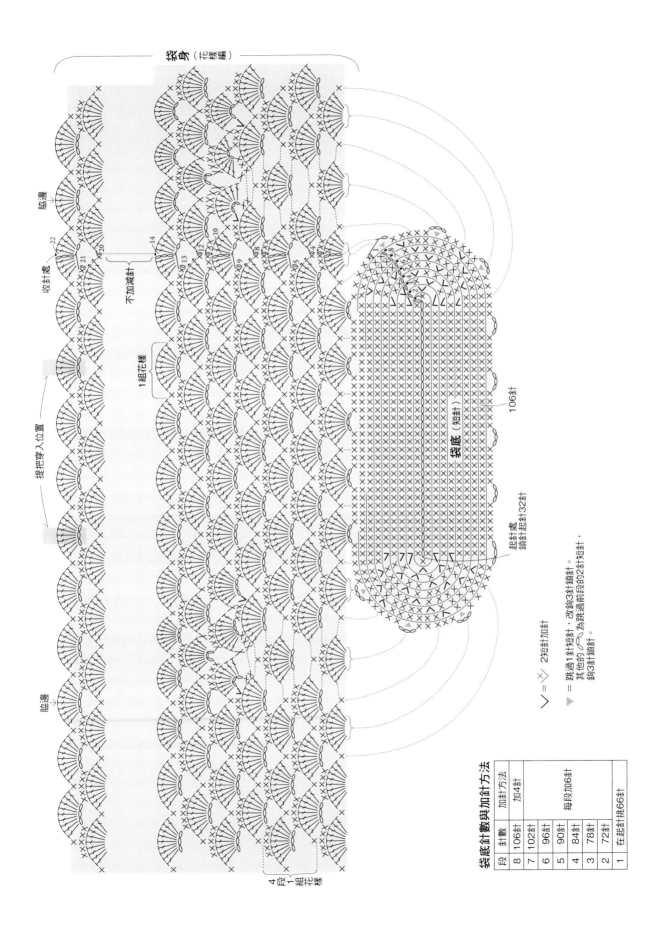

袋身（花樣編）

脇邊

收針處

提把穿入位置

不加減針

1組花樣

脇邊

4段1組花樣

袋底（短針）

106針

起針處
鎖針起針32針

∨ = ⋁ 2短針加針

▲ = 跳過1針1針短針，改鉤3針鎖針。
其他的 ⌒ 為跳過前段的2針短針，
鉤3針鎖針。

袋底針數與加針方法

段	針數	加針方法
8	106針	加4針
7	102針	
6	96針	
5	90針	每段加6針
4	84針	
3	78針	
2	72針	
1	在起針挑66針	

27 HAT

A

B

[材料]
- 線材　Hamanaka Eco Andaria《Crochet》（30g／球）

　　A 灰色（806）45g　原色（801）、黑色（807）各20g

　　B 淺駝色（803）45g　原色（801）、黑色（807）各20g

- 鉤針　Hamanaka樂樂雙頭鉤針5/0號

[密度]　短針的織入花樣　25.5針24段＝10cm正方形

[尺寸]　頭圍57cm　高17cm

[織法]　取1股線鉤織。

繞線作輪狀起針，鉤入9針短針。從第2段開始不鉤立起針，依織圖一邊加針一邊以短針的織入圖案鉤織帽冠。改換配色，依織圖加針鉤織帽簷。鎖針鉤織170cm的線繩，兩端線頭各留下1.5cm後剪線。在帽冠鉤織4處穿繩口，穿入繩子在後中央打蝴蝶結。

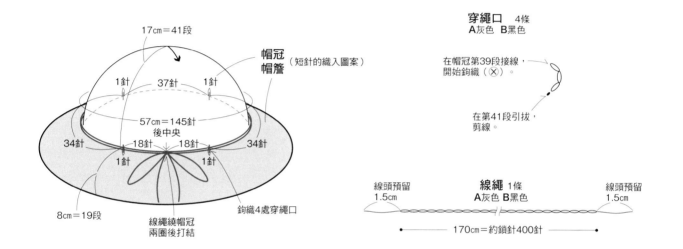

17cm＝41段

帽冠
帽簷　（短針的織入圖案）

1針　　37針　　1針

57cm＝145針
後中央

34針　　18針　　18針　　34針

1針　　　　　　1針

8cm＝19段

線繩繞帽冠
兩圈後打結

鉤織4處穿繩口

穿繩口　4條
A灰色　B黑色

在帽冠第39段接線，
開始鉤織（✕）。

在第41段引拔，
剪線。

線頭預留
1.5cm

線繩　1條
A灰色　B黑色

線頭預留
1.5cm

170cm＝約鎖針400針

短針織入圖案的鉤法

＊以作品A的配色進行解說示範。

1
第1段，繞線作輪狀起針鉤入9針，第9針的短針掛線引拔時，改換原色線。

2
完成引拔針的模樣。

3
第2段的第1針以原色鉤織，但引拔時換回灰色。

4
完成引拔的模樣。完成第2段的第1針。接下來，掛線時使用下一針目的顏色。

5
從第2針開始每針皆換色，鉤「2短針加針」。

6
以相同要領，每一針都換色鉤織。

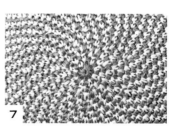

7
第2段以後也是每針皆換色鉤織。

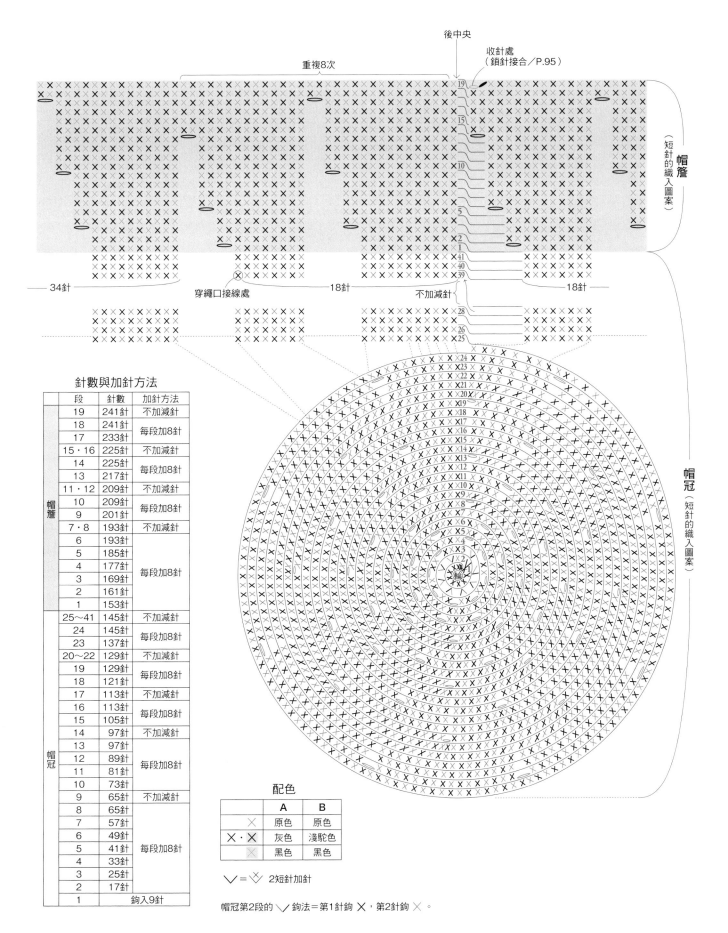

後中央

收針處（鎖針接合／P.95）

重複8次

19

15

10

5

2
1
41
40
39

帽簷（短針的織入圖案）

34針

穿繩口接線處

18針

不加減針

18針

不加減針

28

26
25

帽冠（短針的織入圖案）

24
23
22
21
20
19
18
17
16
15
14
13
12
11
10
9
8
7
6
5
4
3
2
1 輪

針數與加針方法

	段	針數	加針方法
帽簷	19	241針	不加減針
	18	241針	每段加8針
	17	233針	
	15・16	225針	不加減針
	14	225針	每段加8針
	13	217針	
	11・12	209針	不加減針
	10	209針	每段加8針
	9	201針	
	7・8	193針	不加減針
	6	193針	每段加8針
	5	185針	
	4	177針	
	3	169針	
	2	161針	
	1	153針	
帽冠	25~41	145針	不加減針
	24	145針	每段加8針
	23	137針	
	20~22	129針	不加減針
	19	129針	每段加8針
	18	121針	
	17	113針	不加減針
	16	113針	每段加8針
	15	105針	
	14	97針	不加減針
	13	97針	每段加8針
	12	89針	
	11	81針	
	10	73針	
	9	65針	不加減針
	8	65針	每段加8針
	7	57針	
	6	49針	
	5	41針	
	4	33針	
	3	25針	
	2	17針	
	1	鉤入9針	

配色

	A	B
╳	原色	原色
╳・╳	灰色	淺駝色
╳	黑色	黑色

╲╱ ＝ ╲ᐱ╱ 2短針加針

帽冠第2段的 ╲╱ 鉤法＝第1針鉤 ╳，第2針鉤 ╳。

28 HAT

PHOTO >> P.36

A

B

［材料］
- 線材　**A** Hamanaka Eco Andaria（40g／球）　稻草色（42）130g
　　　　B Hamanaka Eco Andaria《Colorful》（40g／球）　綠色系段染（232）130g
- 鉤針　Hamanaka樂樂雙頭鉤針5/0號
- ［密度］短針　21針22段＝10cm正方形
　　　　花樣編　21針＝10cm、3段＝3cm
- ［尺寸］頭圍57cm　高16.5cm
- ［織法］取1股線鉤織。

繞線作輪狀起針，鉤短針12針開始鉤織帽冠。從第2段開始不鉤立起針，依織圖加針鉤至第30段，在第1針鉤引拔針。接著以花樣編進行3段輪編的往復編。帽簷則依織圖加針，以短針和花樣編鉤織，但1至16段的短針不鉤立起針。收針處以鎖針接縫連接。

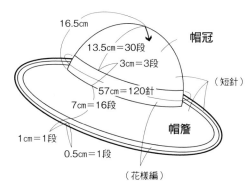

16.5cm
帽冠
13.5cm＝30段
3cm＝3段
（短針）
57cm＝120針
7cm＝16段
帽簷
1cm＝1段
0.5cm＝1段
（花樣編）

針數‧加針與鉤織方法

	段	針數	加針	鉤法
	1	209針	不加減針	短針
	1	209針	加11針	花樣編
帽簷	16	198針	不加減針	短針
	15	198針	每段加6針	
	14	192針		
	13	186針		
	12	180針		
	11	174針	不加減針	
	10	174針	每段加6針	
	9	168針		
	8	162針		
	7	156針		
	6	150針	不加減針	
	5	150針	每段加6針	
	4	144針		
	3	138針		
	2	132針	加12針	
	1	120針		
帽冠	1～3	120針（30組花樣）	不加減針	花樣編
	24～30	120針		短針
	23	120針	加6針	
	21‧22	114針	不加減針	
	20	114針	加6針	
	19	108針	不加減針	
	18	108針	每段加6針	
	17	102針		
	16	96針	不加減針	
	15	96針	每段加6針	
	14	90針		
	13	84針		
	12	78針		
	11	72針		
	10	66針		
	9	60針		
	8	54針		
	7	48針		
	6	42針		
	5	36針		
	4	30針		
	3	24針		
	2	18針		
	1	鉤入12針		

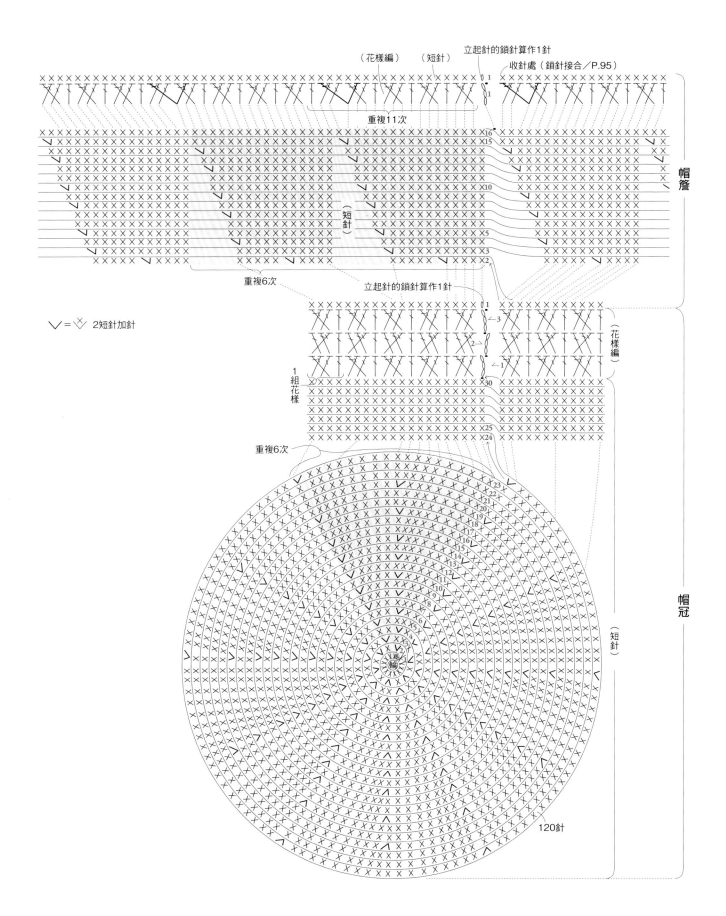

（花樣編） （短針） 立起針的鎖針算作1針
収針處（鎖針接合／P.95）

重複11次

X16
X15

X10

X5
X3
X2

重複6次
立起針的鎖針算作1針

←3
←2
←1

X30

X25
X24

重複6次

1組花樣

（短針）

（花樣編）

帽簷

帽冠

（短針）

X23
X22
X21
X20
X19
X18
X17
X16
X15
X14
X13
X12
X11
X10
X9
X8
X7
X6
X5
X4

輪

120針

✓ = ✓ 2短針加針

鉤針編織基礎

[針目記號]

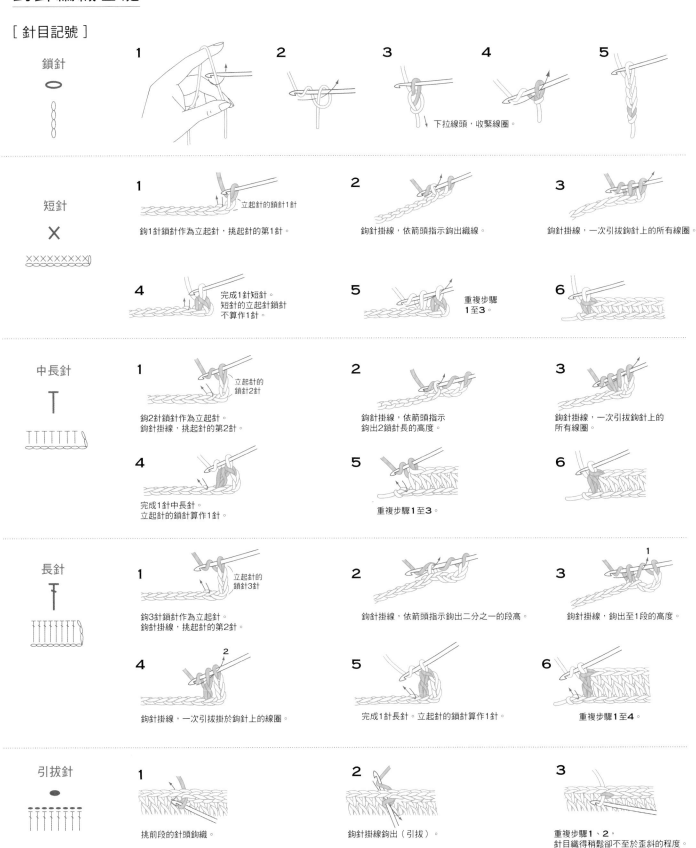

鎖針

1 **2** **3** 下拉線頭，收緊線圈。 **4** **5**

短針

1 立起針的鎖針1針
鉤1針鎖針作為立起針，挑起針的第1針。

2 鉤針掛線，依箭頭指示鉤出織線。

3 鉤針掛線，一次引拔鉤針上的所有線圈。

4 完成1針短針。短針的立起針鎖針不算作1針。

5 重複步驟1至3。

6

中長針

1 立起針的鎖針2針
鉤2針鎖針作為立起針。鉤針掛線，挑起針的第2針。

2 鉤針掛線，依箭頭指示鉤出2鎖針長的高度。

3 鉤針掛線，一次引拔鉤針上的所有線圈。

4 完成1針中長針。立起針的鎖針算作1針。

5 重複步驟1至3。

6

長針

1 立起針的鎖針3針
鉤3針鎖針作為立起針。鉤針掛線，挑起針的第2針。

2 鉤針掛線，依箭頭指示鉤出二分之一的段高。

3 鉤針掛線，鉤出至1段的高度。

4 鉤針掛線，一次引拔掛於鉤針上的線圈。

5 完成1針長針。立起針的鎖針算作1針。

6 重複步驟1至4。

引拔針

1 挑前段的針頭鉤織。

2 鉤針掛線鉤出（引拔）。

3 重複步驟1、2，針目織得稍鬆卻不至於歪斜的程度。

長長針

1
立起針的
鎖針4針

鉤4針鎖針作為立起針。
鉤針掛線2次，挑起針的第2針。

2

鉤針掛線，依箭頭指示
鉤出三分之一的段高。

3
1

鉤針掛線，
引拔鉤針上前2個線圈。

4
2

鉤針掛線，
再次引拔前2個線圈。

5
3

鉤針掛線，
引拔最後2線圈。

6

重複步驟1至5。
立起針的鎖針算作1針。

2短針加針

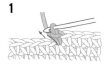

1

鉤針1針短針，
再次於同一針目挑針鉤織。

2

增加1針。

2中長針加針

鉤織1針中長針，
再次於同一針目挑針，
鉤織中長針。

2長針加針

1

鉤織1針長針，
鉤針再次穿入同一針目。

2

鉤織針目高度一致
的長針。

3

增加1針。

※即使織入的針數增加，也是以相同要領鉤織。

3短針加針

以「2短針加針」的要領，
將鉤針穿入同一針目，鉤織3針短針。

2短針併針

1

鉤出第1針的織線，
接著直接在下一針
鉤出織線。

2

鉤針掛線，一次引拔鉤
針上的所有線圈。

3

2針短針變成1針。

$\bigvee$ 與 $\bigvee\!\bigvee$ 的區別

針腳相連時　　　　針腳分開時

在前段的1針中
挑針鉤織。

鉤針穿入鎖針下方
空隙，挑前段的鎖
針束鉤織。

2長針併針

1

鉤織未完成的長針，
接著穿入下一針目，
鉤出織線。

2

同樣鉤織未完成的長針。

3

2針的高度要一致，
一次引拔鉤針上所有線圈。

4

2針長針變成1針。

2中長針併針

※以「2長針併針」的
要領，鉤織2針中長
針一次引拔合併。

短針的筋編

1

僅挑前段短針針頭外側的
1條線鉤織。

2

鉤織短針。

3

前段針目的內側1條線浮凸
於織片，呈現條紋狀。

逆短針

1
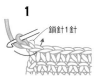
鎖針1針
鉤針如圖示旋轉，
回頭挑針。

2

鉤針掛線，依箭頭
方向鉤出。

3
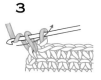
鉤針掛線，
一次引拔2個線圈。

4

重複步驟1至3，
由左往右鉤織。

5

3中長針的玉針

※2中長針的玉針，
也是以相同要領鉤織。

1

鉤針掛線，依箭頭指示穿入，
鉤出織線（未完成的中長針）。

2

在同一針目鉤織第2針
未完成的中長針。

3

繼續在同一針目鉤織第3針
未完成的中長針，
3針高度一致，一次引拔。

4
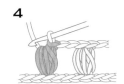

3中長針的變形玉針

1

依3中長針的玉針要領，
挑針鉤3針，
依箭頭指示引拔。

2

鉤針掛線，一次引拔2線圈。

3

2中長針的變形玉針

※「2中長針的玉針變化款」
是依相同要領，
鉤織2針中長針。

交叉長針

1

先鉤織下一針目的長針，
接著鉤針掛線，從內側挑前一針目。

2
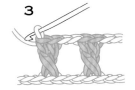
掛線鉤出，鉤織長針。

3
後鉤織的針目包裹先鉤織的針目。

表引短針

1

鉤針依箭頭指示橫向穿入，
挑前段的針腳。

2

鉤針掛線，鉤出比短針稍長的織線。

3

4

依鉤織短針的相同要領完成針目。

5

表引長針

1

鉤針掛線，依箭頭指示
從正面橫向穿入前段的針腳。

2

鉤針掛線，鉤出稍長的
織線，這時要避免前段
針目或相鄰針目歪斜。

3
1 2

依鉤織長針的
相同要領完成針目。

4
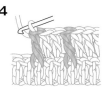
完成。

裡引長針

從背面橫向穿入
前段針目的針腳，
鉤織長針。

94

［起針］

• 鎖針起針的鉤織方法
（挑鎖針半針和裡山）

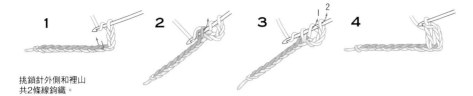

1

挑鎖針外側和裡山
共2條線鉤織。

2

3

4

（只挑鎖針裡山的方法）

起針的鎖狀針頭會漂亮的
呈現在外側。

• 繞線作輪狀起針（繞1次）

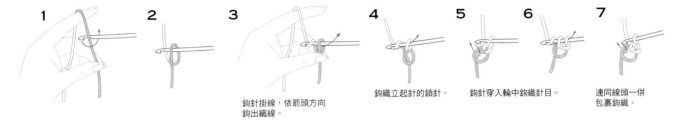

1

2

3

鉤針掛線，依箭頭方向
鉤出織線。

4

鉤織立起針的鎖針。

5

鉤針穿入輪中鉤織針目。

6

7

連同線頭一併
包裹鉤織。

8

拉緊

鉤入必要針數，拉緊線頭。
鉤針依箭頭所示穿入第1針。

9

鉤針掛線，
鉤引拔針。

10

［渡線方法］

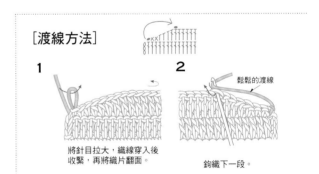

1

將針目拉大，織線穿入後
收緊，再將織片翻面。

2

鬆鬆的渡線

鉤織下一段。

［織入圖案的鉤法］

1

休針織線沿針目貼放，
挑時一併包入鉤織短針。

2

換線時，即將作最後一針的
引拔時，交換配色線和地線。

［換色方法］（輪編時）

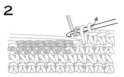

1

2

在鉤織最後針目的引拔時，改以新色的織線鉤織。

［捲針縫］

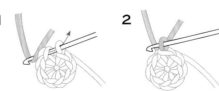

織片對齊疊合，
1針1針逐一挑縫短針
針頭的2條線。

［鎖針接縫］ ＊為便於理解，最後一針改換色線示範。

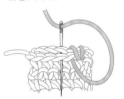

1

織完最後一針時，取下鉤針，
預留15cm的線長後剪斷，
從針目中拉出線頭。

2

拉線，接著將縫針穿入最後的短針
針頭中央。

3

將線拉出，接著從最後的短針的針頭入針。

4

收緊織線，大小約等同1針鎖針，
如此即可完成美麗的作品。

國家圖書館出版品預行編目資料

要優雅也要率性!小文青的輕旅穿搭草帽&手織包/朝日新聞出版編著；莊琇雲譯. -- 二版. -- 新北市：雅書堂文化事業有限公司, 2022.07
　面；　公分. -- (愛鉤織；51)
譯自：大人に似合う、エコアンダリヤのバッグと帽子
ISBN 978-986-302-636-5(平裝)

1.CST: 編織 2.CST: 手工藝

426.4　　　　　　　　　　　　111010219

【Knit・愛鉤織】51

要優雅也要率性！
小文青的輕旅穿搭草帽&手織包（暢銷版）

作　　　者／朝日新聞出版
譯　　　者／莊琇雲
發 行 人／詹慶和
執行編輯／蔡毓玲
編　　　輯／劉蕙寧・黃璟安・陳姿伶
執行美編／韓欣恬・陳麗娜
美術編輯／周盈汝
出 版 者／雅書堂文化事業有限公司
發 行 者／雅書堂文化事業有限公司
郵撥帳號／18225950
戶　　　名／雅書堂文化事業有限公司
地　　　址／新北市板橋區板新路206號3樓
電　　　話／（02）8952-4078
傳　　　真／（02）8952-4084
電子郵件／elegantbooks@msa.hinet.net

2022年07月二版一刷　2017年08月初版　定價380元

經銷／易可數位行銷股份有限公司
地址／新北市新店區寶橋路235巷6弄3號5樓
電話／（02）8911-0825
傳真／（02）8911-0801

作品設計

伊藤りかこ　稻葉ゆみ　今村曜子　城戸珠美
すぎやまとも　河合真弓　橋本真由子　早川靖子
Ronique　Hamanaka 企劃

staff

書籍設計⋯⋯⋯⋯⋯⋯MARTY inc.
攝　　　影⋯⋯⋯⋯⋯⋯清水奈緒（封面、P.1-38）
　　　　　　　　　　　　中辻 渉（P.39-95）
視覺陳設⋯⋯⋯⋯⋯⋯荻野玲子
髮妝造型⋯⋯⋯⋯⋯⋯草場妙子
模 特 兒⋯⋯⋯⋯⋯⋯エモン久留美　マヤ
製　　　圖⋯⋯⋯⋯⋯⋯沼本康代（P.42-91）
　　　　　　　　　　　　大楽里美　白くま工房
編　　　輯⋯⋯⋯⋯⋯⋯永谷千絵　楠本美冴（Little Bird）
主　　　編⋯⋯⋯⋯⋯⋯朝日新聞出版　生活・文化編集部（森 香織）

攝影協力店

Vlas Blomme 目黒店
TEL. 03-5724-3719
（封面、P.12、24、31、35、36的點點刺繡T恤和丹寧褲／P.6的水藍罩衫）
nest Robe 表參道店
TEL.03-6438-0717
（P.4、15、28的褲子／P.34的襯衫洋裝）
hatsuki
http://www.pikore.com/hatsuki.coromo
（P.9的罩衫和褲子／P.25的罩衫和褲子）
AWABEES
TEL. 03-5786-1600

線材&材料

Hamanaka 株式會社
京都本社
〒616-8585 京都市右京區花園藪ノ下町2番地之3
東京支店
〒103-0007 東京都中央區日本橋浜町1丁目11番10號
http://www.hamanaka.co.jp

因印刷之故，作品與實際上的顏色多少會有些許差異。

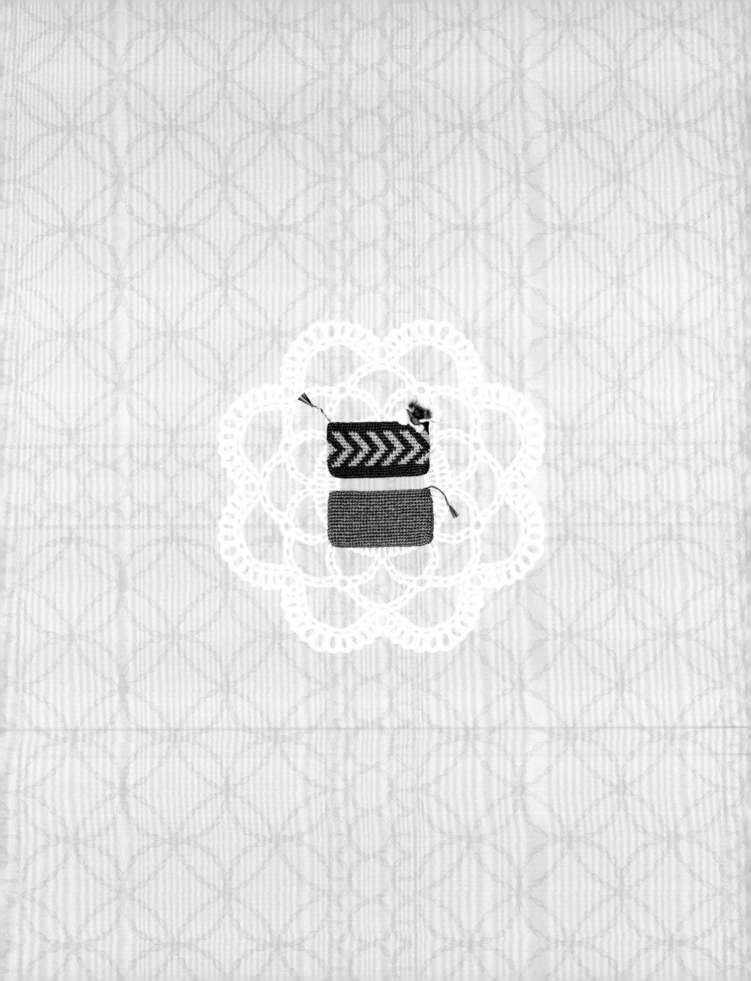

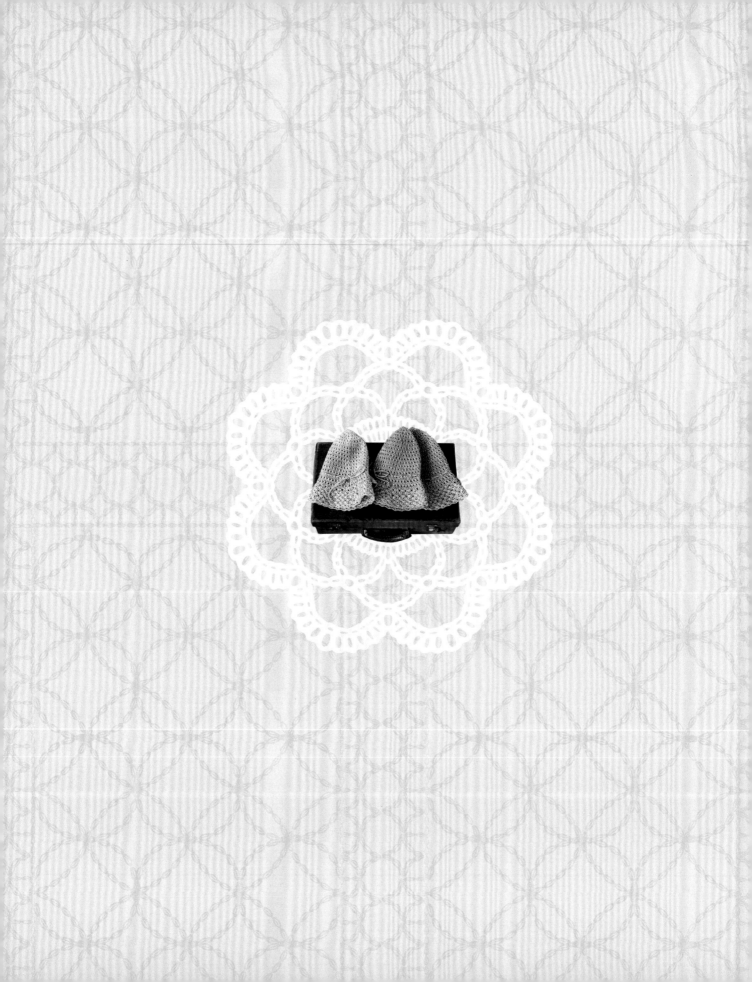

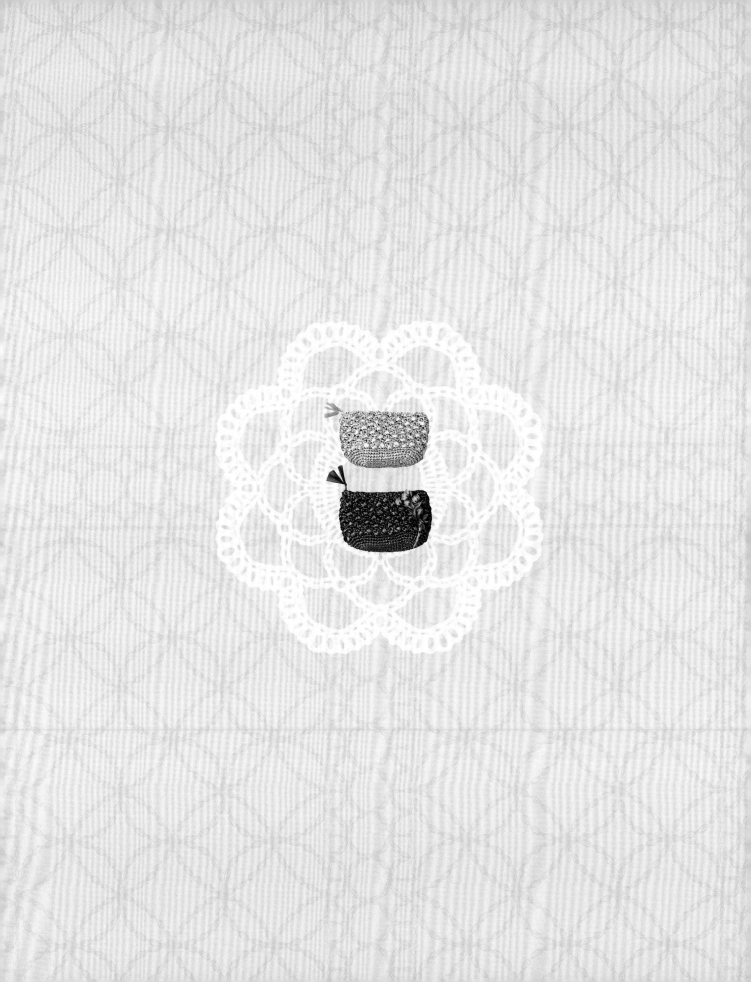